延续与发展

——寒地地域文化与空间特色再创造
2012 两校本科联合毕业设计作品

重庆大学 / 哈尔滨工业大学　建筑学专业 / 城乡规划专业

重庆大学　　　　　　邓蜀阳　阎　波

哈尔滨工业大学　　　周立军　吕　飞　　　　编著

　　　　　　　　　　徐洪澎　董　慰

中国建筑工业出版社

图书在版编目（CIP）数据

延续与发展——寒地地域文化与空间特色再创造/邓
蜀阳等编著.—北京：中国建筑工业出版社，2015.6
ISBN 978-7-112-18156-8

Ⅰ.①延… Ⅱ.邓… Ⅲ.①城市规划—建筑设计—作
品集—中国—现代②城市—景观设计—作品集—中国—
现代.Ⅳ①TU984.2②TU986.2

中国版本图书馆CIP数据核字（2015）第107351号

责任编辑：陈 桦 杨 琪
责任校对：李美娜 关 健

延续与发展——寒地地域文化与空间特色再创造
2012两校本科联合毕业设计作品
重庆大学 邓蜀阳 阎 波
哈尔滨工业大学 周立军 吕 飞 徐洪澎 董 慰 编著
*
中国建筑工业出版社出版、发行（北京海淀三里河路9号）
各地新华书店、建筑书店经销
北京利丰雅高长城印刷有限公司印刷
*
开本：880X1230毫米 1/16 印张：9 字数：275千字
2017年2月第一版 2017年2月第一次印刷
定价：88.00元
ISBN 978-7-112-18156-8
（27377）

序

目前，国内建筑学专业的联合毕业设计已开展了很多年，并在不断的发展中积累了丰富的经验。联合教学是国际化教学发展的趋势，是学科发展需求，是沟通与交流的必然途径。

然而，目前大多数的联合教学仅限于在本学科之间的相同专业内进行，只突出了学科横向的相互联系和交流，缺乏纵向的学科交叉扩展和沟通。这是我们长久以来一直在思考的问题，同时也一直想将几所地域特色鲜明的建筑院校（如东北哈尔滨的寒地特色、西北西安的黄土高坡、西南重庆的山地特征等）一起开展一次联合教学，分别体验不同地域条件、不同学校的各自特点和风格，开拓视野，相互交流，取长补短，共同提高。基于此种原因，重庆大学与哈尔滨工业大学协商组织联合毕业设计，试图将建筑学、城乡规划、风景园林三个专业的联合毕业设计相互融合，共同协作参与从城乡规划——建筑设计——风景园林设计的整体过程，完成全套设计成果。但遗憾的是由于种种原因缺少了景观专业的参与，于是在2012年就有了重庆大学与哈尔滨工业大学的城市规划与建筑学两个专业共同参与的联合毕业设计新的开始。这是一次新的尝试，新的开拓。

本次联合毕业设计的选址位于哈尔滨，教学环节共分三个阶段进行。前期调研阶段所有师生集中在哈尔滨，两校师生集体上课、集体调研，现场完成调研成果；中期汇报在重庆，学生分小组进行PPT汇报，两校教师分别对其设计进行评述，进一步加强了两校师生的教学交流，真正达到了相互交流、相互学习、共同提高的目的，同时也增进了两校师生间的深厚友谊；成果汇报及成果展示又回到哈尔滨。丰富多彩、形式多样的成果展示更增加了联合的气氛，也展示出各校不同的教学理念和风采。除了上述教学环节之外，在每个集中环节还邀请学校或相关部门富有经验的专家开展了丰富多彩的专题讲座。

本次联合毕业设计的内容充实饱满、组织形式丰富多样，更多显示出多学科共同参与的联合，更有利于学科之间的相互协作，拓展知识领域，更体现学科的交叉与多元，强调学科的融合。从选题开始就根据建筑学与城乡规划两个专业不同的特点和专业需求，从用地选址、规模及涵盖的内容到项目策划和建筑设计等方面都分别对规划、建筑提出了不同的要求，既强调规划、建筑两个专业共同完成的内容，又突出结合专业特点的不同要求。前期调研阶段，将两校规划、建筑同学混合编组，共同完成调研成果。成果内容上也同样要求规划与建筑专业的协同合作，由城市总体规划结构、交通系统、功能布局到项目策划制定和建筑设计，都必须保持整体地块的完整性与合理性，即从规划到建筑的整体设计，既有小组集体的工作范围，也有个人的工作内容，成果表达是完整的。这种组织形式，既突出了相同专业的横向联系，又加强了相关专业的纵向沟通，增强了同学们团结协作的集体荣誉感，真正显示出联合的必要性，同时开拓了眼界，加强了相关学科的融合和交流，扩展了知识面。

联合教学不仅展示了各校教学风格和特色，促进了校际之间的交流，同时也带来了新的教学理念和方法的提高，扩大了视野，促进了知识结构的拓展，愿联合教学能够越办越好，进一步推动教学改革的深化。

2012 年重庆大学 & 哈尔滨工业大学
本科联合毕业设计编委会

重庆大学

卢 峰

邓蜀阳

阎 波

哈尔滨工业大学

孙 澄

周立军

徐洪澎

吕 飞

董 慰

目录
Contents

2012年重庆大学&哈尔滨工业大学两校本科联合毕业设计任务书

题 目：延续与发展——寒地地域文化与空间特色再创造
哈尔滨老城区城市空间改造与建筑设计
Space Reformation and Architectural Design for Old City Areas in Harbin

一、课题内容及目标
（一）设计背景

城市是一个各种物质元素的集合体，城市空间和建筑是人类文化和文明的产物，也是构成城市的重要元素和细胞，它凝聚着人类在历史长河中实践的感慨和智慧。随着城市的发展，现代的建筑材料，建筑流派，建筑设计理念都会随着地域文化与历史人文的影响而带有自己的风格特色，与所在城市固有的特征融为和谐的一体。在哈尔滨城市建筑发展历程中，世界十几个建筑流派从各个角落奔走相告，争相登上这座舞台来装点年轻的城市。新艺术运动流派带来了流畅的曲线。哥特流派带来了陡峻的塔楼，巴洛克流派带来了雍容的花饰，古典流派带来了雄劲的石柱……尤其难能可贵的是，生活在这片热土上的我们民族的前辈，学洋不媚洋，把中国传统的建筑风格融入外来的建筑文化之中，创造了在外来文化的氛围中顽强表现民族传统的"中华巴洛克"风格，令世人耳目一新，令世界刮目相看。在我国城市建设高速发展的同时，城市地域文化遗产的传承与发展一方面因受到重视而备受关注，往往被政府寄予厚望，另一方面却因面临的矛盾重重而步履维艰，可谓机遇与挑战并存。但在科学技术高度进步、人类生产和生活方式急剧变化、城市迅速发展的今天，新老城区结合处的基础设施不健全，土地利用率低下，布局混乱，环境恶化等问题日益突出。社会矛盾尖锐，城市老城区无法适应社会发展的要求。如今，城市的快速发展给这一类地区带来了巨大的机遇，各种优越的条件为充分挖掘区域人文、自然资源的潜力，为实现区域的整体完善与复兴提供了可靠的保证，对完善城市功能，延续地域的历史文化，提高城市空间环境品质，加强地区的城市活力，具有重要的意义。

当城市的规划建设开始步入正轨的时候，保留传统的风貌特色，已经成为有识之士的共识。因此，在城市发展新的历史机遇中，以丰富的历史回忆，辉煌的建筑特色为动力，准确把握城市旧城改造更新的关键问题，充分挖掘城市地域的历史文脉要素和城市空间特色，探讨对原有资源的合理整合和再利用，关注城市空间布局和建筑特色，优化交通组织，提升城区环境质量以物质环境改善促进城市老城区的经济、文化和社会环境的全面复兴。

（二）设计目标

1.研究该地区城市空间的发展历史，研究寒地地域特征与保护建筑的历史脉络，提出改善城市物质环境、提高该地区活力的策略和具体措施，探讨合理有效的寒地历史城区改造更新的可能性及改造方法。

2.探讨历史保护城区的文脉特征、设施改造与空间组织的合理模式，结合寒地特征，配置合适的城市功能，强化历史文脉和社会和谐的价值与意义。

3.结合寒地多功能空间开发利用，探讨寒地城市老城区改造中城市空间、交通、建筑、景观等关键问题与保护

建筑结合的解决途径。

4.在老城区改造的整体概念下，进行建筑项目策划，对该地区建设项目提出具有可行性的设想。

（三）设计任务

本项目包括烟厂及周边地区城市旧城改造规划与建筑设计两部分内容。

以小组为单位，从整体区域研究出发，通过现场调研、资料整理，结合寒地地域特征与历史保护建筑现状，对城市功能、空间、交通、景观进行分析，组织项目策划，制定片区改造的总体目标定位和空间结构策划，对设计地段的功能、交通、景观进行总体空间与结构策划——以文字和图示表达方式完成场地现状空间与节点环境分析，包括场地区位，周边条件，城市规划要求，场地地形条件、环境特征、公共空间特色、交通流线组织、景观视线、建筑形态与特征、活力源要素、行为与活动方式、生活气息、街道空间和节点空间特色等，特别重视城市空间与建筑的构成、历史文脉以及交通组织方式等。

1.建筑学专业

在小组完成的总体空间与结构策划基础上，选择2~3公顷建筑用地完成建筑方案布局及单体建筑设计，直至做到单体建筑方案（更新改造与新建）深度，并对建筑空间与细部节点构造有一定深度的表达。可以是一条特色街道、一个重要节点、一个街坊片区、一个地块建筑群组，也可是新建或旧建筑改造利用。

以小组集体成果形式完成调研、城市空间与结构设计和2~3公顷用地（重点地段）总体空间环境与建筑布局，个人完成单体建筑设计部分，但必须融入在小组2~3公顷用地的总体建筑布局中，形成完整统一的整体。

2.城乡规划专业

在整体层面的城市设计框架指导下，制定城市设计导则，完成片区整体修建性详细规划的相关内容，选择1~2个重点地段细化空间节点的空间环境布局与空间形态设计。可以是一条特色街道、一个重要中心节点、一个街坊片区，也可是片区重要空间节点的环境与景观设计。

以小组集体成果形式完成调研、城市空间与结构设计、城市设计导则和片区整体修建性详细规划，个人完成1~2个重点地段空间节点的空间环境布局细化与空间形态设计，且必须融入在小组整体修建性详细规划的设计成果之中，形成完整统一的整体。

二、设计阶段安排
（一）第一阶段：现场调研

时间安排：1周

现场调研需进行实地踏勘。两校师生组合分组，共同确认调研内容，根据调研提纲进行场地调研，以文字和图示表达方式完成场地现状空间与节点环境等分析图和剖面图（若干），包括场地区位，周边条件，城市规划要求，场地地形条件、环境特征、公共空间特色、交通流线组织、景观视线、建筑形态与特征、活力源要素、行为与活动方式、生活气息、街道空间

和节点空间特色等，特别重视城市历史文脉以及空间与建筑的构成方式等，并做必要的现状测绘完善工作。

成果要求：

1.结合调研结论完成调研报告（图文结合），提出规划地段城市空间总体结构意象设计；

2.进行PPT成果汇报（每组15分钟）。

（二）第二阶段：方案构思

时间安排：6周

在调研的基础上，结合现状条件和环境要求，分析现状存在的问题，启动寒地城市旧城区的空间改善与建筑设计构思，进行片区总体功能和空间策划，寻找城市空间发展的途径，完成烟厂片区城市空间与结构策划，确定城市空间的发展模式、功能定位、交通组织，并完成1:500~1:1000的设计模型；然后按专业的不同要求进行下一步的方案设计。

1.建筑学专业选择2~3公顷场地进行具体空间环境构思和建筑布局，结合地形组织建筑空间，个人完成建筑单体方案和环境景观意向初步设计，并制作2~3公顷场地总体空间环境与建筑布局、建筑单体设计的小组及个人工作模型（1:300~1:500）。

2.城市规划专业完成城市设计导则和片区整体修建性详细规划的相关内容，完成片区整体修建性详细规划设计模型（1:500~ 1:1000)（小组），个人完成1~2个重点地段空间节点的空间环境布局与空间形态和环境景观意向初步设计。

成果要求：

1.建筑专业：

1)第一次是案例讨论读书报告会，要求每人介绍1~2个案例，准备10分钟PPT格式的汇报。

2)第二次是烟厂片区项目策划及初步构思成果汇报。要求每组准备15分钟PPT格式的汇报。

3)第三次是烟厂片区城市空间与结构策划部分的汇报。

4)第四次是2~3公顷场地总体空间环境和建筑布局以及单体建筑初步方案设计汇报。

2. 城乡规划专业：

1)第一次是案例讨论读书报告会，要求每人介绍1~2个案例，准备10分钟PPT格式的汇报。

2)第二次是烟厂片区项目与空间策划及初步构思成果汇报。要求每组准备15分钟PPT格式的汇报。

3)第三次是烟厂片区功能分区、绿化系统、交通组织等专项分析汇报。

4)第四次是烟厂片区总体布局与城市设计导则以及重点空间节点初步方案设计汇报。

（三）第三阶段：集体中期评图

时间安排：2天

成果要求：

1.建筑专业：

1)烟厂片区城市空间与结构策划成果图纸（小组）。

2)烟厂片区城市空间与结构策划1:500~1:1000设计模型（小组）。

3)2~3公顷场地总体空间环境和建筑布局，要求完成1:300~1:500设计模型（小组）。

4)单体建筑方案初步设计（个人）。

5)15分钟的PPT汇报文件。

2. 城乡规划专业：

1)烟厂片区专项分析与城市空间与结构策划成果图纸。

2)完成烟厂片区城市设计导则控制规划图（小组）。

3)完成片区整体修建性详细规划及设计模型（1:500~1:1000）（小组）。

4)每人选择1~2个重点地段空间节点，进行环空间境布局细化与空间形态以及景观意向设计（个人）。

5)15分钟的PPT汇报文件。

（四）第四阶段：深入设计和终期总评图

时间安排：7周半

成果要求：

1.建筑专业：

1)各校每组完成烟厂片区城市空间与结构设计及模型（1:500~1:1000）。

2)各校每组选择2~3公顷场地进行总体空间环境和建筑布局，并完成场地总体设计模型（1:300~1:500）。

3)根据场地布局，每人选择场地内一幢建筑进行单体建筑设计，完成6~8张A1排版图纸，包含有：

A.基本的平、立、剖面图，设计过程分析、说明等。

B.表现效果图及模型照片等。

C.一个1:300~1:500的单体模型(与小组模型等比例，可直接融入小组整体模型中)。

4)15分钟的PPT汇报文件。

建议：单体建筑设计的深度应达到扩初的深度。

2.规划专业：

1)完成烟厂片区城市空间与结构策划以及能反应相关规划依据的分析图。

2)完成烟厂片区城市设计导则控制规划图。

3)完成片区整体修建性详细规划相关内容及模型（1:500~1:1000）。

4)根据总体布局方案，每人选择1~2个重点地段的空间节点，细化空间环境布局与空间形态以及景观意向设计，绘制透视图等相关图纸（个人）。

5)15分钟的PPT汇报文件。

三、项目指示书

1.该指示书仅供参考，各校学生可依据自己的调研策划与教师讨论进行调整，合理确定片区地块的发展定位。此项工作可分组进行，探讨寒地旧城区空间与建筑发展的各种可能性。

2.本次设计选择哈尔滨市烟厂片区地块，各校学生分组进行实地调研并完成报告。然后根据各校分组安排并结合寒地历史老区地貌和现状条件，进行城市空间结构及功能策划，规划专业同时完成片区城市设计导则和修建性详细规划设计(小组)以及 1~2个重点地段节点的空间环境布局细化与空间形态和景观设计（个人），建筑学专业同时完成2~3公顷场地总体建筑布局（小组）和单体建筑设计（个人），个人的工作内容应在小组的设计场地中选择合适的项目，完成单体建筑设计。

3.各校在分组选择的场地中结合调研成果进行项目和空间策划，确定片区发展目标的功能定位与设计理念，进行空间环境的规划布局。深化方案选择地段可考虑一条特色街道，一个重要节点，一个街坊片区，一个地块建筑群组，或者……综合考虑城市的发展需求，结合寒地特征及历史建筑的特征，完善城市功能，提高空间品质，打造环境优美的城市空间形象。

4.充分考虑城市、社会、文化、经济、地域条件等因素，考虑城市功能和空间发展需求、新与旧的相互关系、城市文脉的延续和城市居民的利益和权利。

2012年两校本科联合毕业设计时间安排表

合作单位： 重庆大学 、哈尔滨工业大学
参加专业：建筑学专业（每校学生8人）、城市规划专业（每校学生4人）
时间安排：2012.2~2012.9（联合毕业设计分五个阶段进行）

阶段	时　间	工作进度	地点	备注
预备阶段： 调研准备	2.20~2.27 （共1周）	熟悉任务书要求； 收集相关资料； 制订工作计划	各自学校	重大开学第1周，哈工大学生提前一周布置任务
第一阶段： 现场调研	2.28~3.04 （共1周）	2.28日全天报到； 2.29日开幕式、相关讲座，任务布置、现场调研； 调研成果汇报（PPT）	哈工大	跨校、跨专业分组；以文字和图示方式完成场地现状空间与节点环境等分析图和剖面图，包括场地区位，周边条件，城市规划要求，场地地形条件、环境特征、公共空间特色、交通流线组织、景观视线、建筑形态与特征、活力源要素、行为与活动方式、街道空间和节点空间特色等，调研成果共享
第二阶段： 方案构思	3.05~4.15 （共6周）	整体结构研究； 明确各专业设计任务； 分专业方案构思与设计	各自学校	根据专业要求完成设计阶段成果
第三阶段： 中期汇报	4.16~4.17	中期汇报与讲评； 相关讲座	重大	
第四阶段： 方案深入	4.18~6.10 （共7周半）	分专业方案深入； 完成设计成果	各自学校	小组及个人成果
第五阶段： 毕业答辩	6.11~6.12	毕业答辩与成果讲评	哈工大	根据专业要求完成设计最终成果并完成出书电子排版
第六阶段： 展览出版	6.13~9月	成果展览及交流； 出版图书		

2012年重大—哈工大春季本科联合毕业设计中期评图日程安排

时间		内容	主持人	地点	参加人员
4.15（日）	全天	教师入住科苑酒店；学生入住德威尔酒店（沙坪坝店）	邓蜀阳教授		
	18:30	教师接风宴	邓蜀阳教授	另行通知	联合毕业设计教师
4.16（一）上午	9:00~9:20	【联合毕业设计中期评图开幕仪式】介绍与会嘉宾；各校教师代表致辞、建筑城规学院赵万民院长致辞、宣布终期评图开幕	卢 峰教授	建筑馆二楼 211 国际会议厅（西门厅楼上）	联合毕业设计全体师生与相关人员
	9:20~9:40	建筑城规规学院领导与联合毕业设计全体师生合影	阎波副教授		
	9:40~10:10	【讲座一】西南山地地域生态与地域建筑　　主讲：阎 波副教授	邓蜀阳教授		
	10:00~10:40	【讲座二】形态及形态之外——现代城市设计发展动向　主讲：谭文勇副教授			
	10:40~10:50	各组准备汇报，其他人休息10分钟			
		重大第1组（15分钟）　崔路明、陈 功、王淑华　教师讲评 20分钟 哈工大第1组（15分钟）　孟 夏 刘芳菲	邓蜀阳		
4.16 中午	12:00~14:00	教师集中安排，全体学生在建筑馆（负一楼3A空间）吃工作餐			全体中期评图的师生
	15:10~16:00	重大第2组（15分钟）　祝 乐、蒋 力、涂颖佳 哈工大第2组（15分钟）　吴方院、潘文鸿、马源鸿 哈工大第3组（15分钟）　毛 悦、解潇伊　教师讲评 25分钟	徐洪澎	建筑馆二楼 210 教室（西门厅楼上）	
		重大第3组（15分钟）　杨戈旎、毛爱连、李雪菲 哈工大第4组（15分钟）　王涤尘、魏 巍、史佳鑫　教师讲评 20分钟	阎 波		
	16:00~16:10	下一组准备汇报，其他人休息10分钟			
	16:10~17:45	重大第4组（15分钟）　陈灵凤、杨 光 哈工大第5组（15分钟）　古 颖、王珍珍 重大第5组（15分钟）　向 蔚、谢正伟 哈工大第6组（15分钟）　卢海涛、陈新宇、彭星芸　教师讲评 35分钟	吕 飞		
	18:00	欢迎晚宴——全体参加中期评图的各校师生聚餐		德龙餐厅	全体中期评图的师生
4.17		各校自行安排			
4.18		哈工大师生返校			

各校参加评图教师：哈工大：周立军、徐洪澎、吕 飞、董 慰；　重大：邓蜀阳、阎波、谭文勇、徐煜辉、翁 季。

建筑篇 Architecture

重庆大学
CHONGQING UNIVERSITY

■ 设计团队 WORKING GROUP

蒋力　　祝乐　　涂颖佳　　陈功　　崔路明　　王淑华　　杨戈漩　　李雪菲　　毛爱莲

重庆大学 [维度城市]　　蒋力 祝乐 涂颖佳
重庆大学 [城市链接]　　陈功 崔路明 王淑华
重庆大学 [22院街]　　杨戈漩 李雪菲 毛爱莲

■ 指导教师 INSTRUCTORS

邓蜀阳　　阎波

维度城市
City of Dimension

重庆大学
CHONGQING UNIVERSITY

设计者：
蒋力　祝乐　涂颖佳

提出了"维度城市"的规划构想，从哈尔滨城市发展史和城市肌理的角度出发，确立以时间轴线，空间轴线和文化轴线三条轴线并行设计的思路，进行场地区域的从宏观的城市设计层面到微观的建筑设计层面探索和思考。

哈尔滨老城区城市空间改造与建筑设计
Space Reformation and Architectural Design for Old City Areas in Harbin

指导教师：邓蜀阳　阎波

【区位分析】Location

【寒地纬度】Latitude of Cold Region

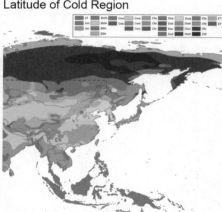

【混合肌理】Mixed Context

【城市演变】Development of Urban Context

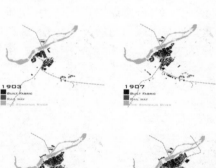

【保护规划】Planning of Preservation

12

【南岗+道里+道外模式】Prototype of Nangang Daoli & Daowai

图4 中央大街鸟瞰

图5 高耸的尼古拉教堂统一着广场

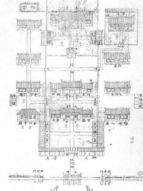

原"新世界版店"剖面，墙体和屋架均为西式（资料来源：园立车俱供）

修复后的"仁和永"内院外廊装饰

南岗区东园街124号住宅立面

图2 南岗区红军街38号住宅平面立面图

原滨江道署平面局部

车光橱社杖上的斗拱

道外区南五道街 228号住宅大院

Dimensions of City
_Harbin Old Urban Space Renewal and Architectural Design
维度城市——哈尔滨老城区城市空间改造与建筑设计

【自然条件】
Nature Evironment

- 哈尔滨市的气候属于中温带大陆性季风气候，各季节景色特征明显。夏季、冬季时间较长，春秋季短促，四季演变频繁。
- 冬季盛行东南风。
- 春季、秋冬较短，夏季盛行东南季风。
- 冬季盛行东北风。

【周边发展】
Surrounding Development

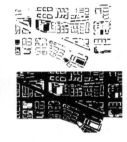

【建筑状况】
Building Status

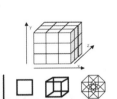

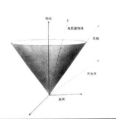

【城市肌理】
Context

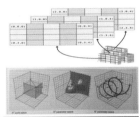

【概念提出】
Concept Generation

【维度城市理论模型】
Theroy Model

时间维度（time）
文化维度（culture）
空间维度（spatial）

Time 时间
Space 空间
Culture 文化

S Spatial Dimension 空间的维度	Generalized Dimension 广义的维度	Dimensions Transformation 维度转化

维度，又称维数，是数学中独立参数的数目。在物理学和哲学的领域内，指独立的时空坐标的数目。

Dimensions, also known as the dimension is the number of independent parameters in mathematics. In the field of physics and philosophy, refers to the number of independent spatial and temporal coordinates.

根据爱因斯坦的概念 我们所居于的时空有四个维度（3个空间轴加1个时间轴），称为四维空间，我们的宇宙是由时间和空间构成。

According to Einstein's concept, time and space we are living in a four dimensional (three spatial axes and a timeline), known as the four-dimensional space, our universe is made of time and space.

Array（数组）在数学中称为矩阵，基本上数组就是将数据放入一个集合。三个空间的转化需要将点落到相应的面或者线之中，对于场地设计之中而言就是把全局坐标放到场地的面或相应的轴线上。

Array (array), known as matrix mathematics, is basically an array of data into a collection. Three space conversion point fell on the surface or line is in terms of site design to global coordinates on the face of the site or the corresponding axis.

1. 确定空间实轴维度，该轴包含了场地空间数据信息。

2. 确定时间虚轴，该轴包含了城市变更的时间信息。

3. 从调研分析定位得出，以文化维度做为第二条虚轴，该轴承载了历史人文、社会交往、风俗活动以及场地记忆等信息。

技术经济指标

【分层结构】Hierarchical Structure

一心 + 两轴 + 三带 + 三街

【交通体系】Traffic System

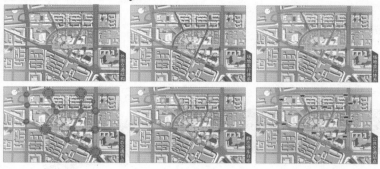

【城市肌理更新】City Texture Update

改造前东大直街建筑肌理

改造后东大直街建筑肌理

【开发时序】Sequence of Development

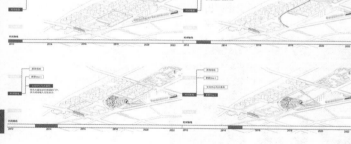

【文化维度层级】Cultural Dimension Hierarchy

【场地分区】Field Partition

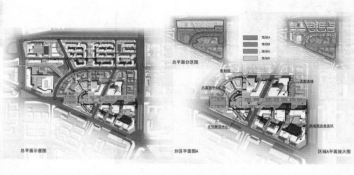

总平面分区图

总平面示意图

分区平面图A

区域A平面放大图

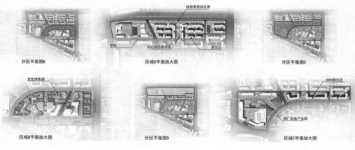

分区平面图B

区域D平面放大图

分区平面图C

文化特色圈

区域B平面放大图

分区平面图D

区域C平面放大图

【文化维度】Cultural Dimensions

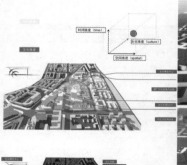

文化艺术中心建筑设计
Cultural Arts Center Architectural Design

单体设计者：
蒋力

指导老师：
邓蜀阳 阎波

在城市设计中，东大直街地段周边被重新定义为商业步行街，在周边布置商业、娱乐、展览、酒店办公等功能，以提高场地的活力。而选择建筑设计地块位于东大直街步行街的起始点，也就是场地的龙头位置，一曼街与东大直街的夹角地段，地块为三角形。

方案所处的地理位置极其重要，故希望设计公共性较强的展览建筑作为聚集人气活力的场所空间。在设计时考虑到起位置的特殊性，有意识地提高建筑的冲击力和地标性，同时在场地的周边提供足够的公共活动空间以加强东大直街的吸引力。

【东大直街活动现状与期望比对】

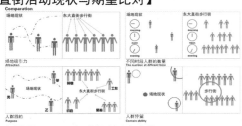

【场地建筑场所活动时段性讨论】

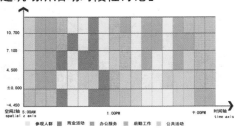

【城市控制要素】
Limited Element from Urban

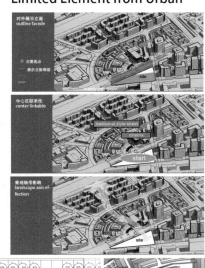

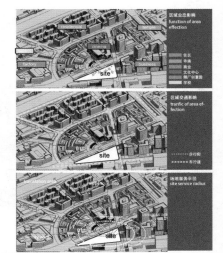

1F Plan
一层平面图

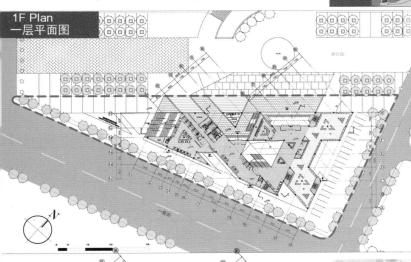

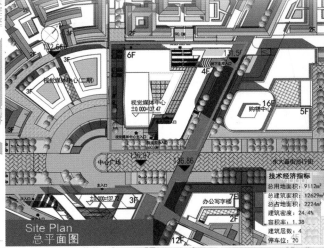

Site Plan
总平面图

技术经济指标
总用地面积：9112m²
总建筑面积：12629m²
总占地面积：2224m²
建筑密度：24.4%
容积率：1.38
建筑层数：4
停车位：20

2F Plan
二层平面图

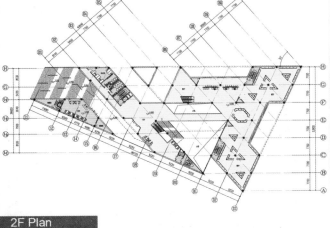

time culture spatial

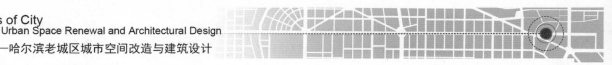

3F Plan
三层平面图

四层平面图

功能分区示意图
Partition function diagram

☐ 展览区域 Exhibition area   ☐ 商业区域 Commercial area
☐ 公共区域 Public area   ☐ 未开放区域 Private area
☐ 服务区域 Service area

16

图书馆 digital library
数字音乐体验 digital music
内部办公 iner office
4F

图书馆 digital library
数字音乐体验 digital music
内部办公 iner office
3F

儿童娱乐 kid entertainment
图书馆 digital library
数字音乐体验 digital music
内部办公 iner office
2F

电影售票厅 ticket
快餐厅
等待室 waiting room
精品店 shop
1F

书店
精品店 shop
触感交互实验体验 touch-pad exprience
视觉媒体展示 visual media exhibition
等待室 waiting room
-1F

【逻辑生成分析】

场地文脉 CONTEXT
场地位于一景园与东大直街的交角地带，地块呈三角形。是东大直街步行街的起点站。是景观城市风貌的重要节点。
The site is located in the angle between the zone of a Man Street and East Straight Street, triangular plot, is the starting point of the East Zhie pedestrian street, show an important node of the urban landscape.

拉伸 EXTRUSION
将建筑体块进行拉伸，在体量高度上与城市轮廓线和城市空间关系相协调。
Block construction body, stretching, coordination with the city skyline and urban space in the height of the volume.

破解 CRACK
从东大直街向另一景创进行贯通，将建筑体量进行破解，使主体量呈一个等腰三角形，附属体量为不规则四边形。
Straight Street from the east to a Man Street, China Unicom, will crack the building body mass, so that the main amount was an isoceles triangle, subsidiary body for irregular quadrilateral.

公共空间联系 PUBLIC SPACE CONTACT
将地块延点开放空间向建筑体内扩展延续，使场地公共空间和建筑公共空间有机联系起来，同时也形成了一条景观通廊。
Expand and extend the land Vertex open space to the building body to make the venue of public space and public building space organically connected, but also the formation of a landscape corridor.

消减 ABATEMENT
对体量进一步消减，消减掉中心体量以形成中庭。将两侧体量降低以增强建筑轮廓感。
To further refine the volume abatement off the center of body mass to form the atrium, both sides of the body was reduced to enhance the sense of building outline.

错落 SCATTERED
将建筑主体量提高，附属体量降低，以增强建筑的高低错落感，使建筑雕塑感更强，同时面向东大直街形成主要入口空间。
The main building higher and higher, the subsidiary body was reduced to enhance the architectural sense of the level of scattered building sculpture, stronger sense of facing east Straight Street formed the main entrance space.

穿插 INTERSPERSED
在主入口侧面穿插形成办公入口空间，将不同人流有效地分开，避免了人流的混杂。
Interspersed in the side of the main entrance to the formation of the office entrance space, different flow separation, to avoid the flow of the hybrid.

中庭 COURTYARD
在建筑中心形成一个通高的中庭空间，参观流线围绕中庭组织，也为建筑的采光带来了有利条件。
Center for Architecture, the formation of a pass high in the atrium space, visit the flow lines around the atrium organization also provided favorable conditions for the lighting of the building.

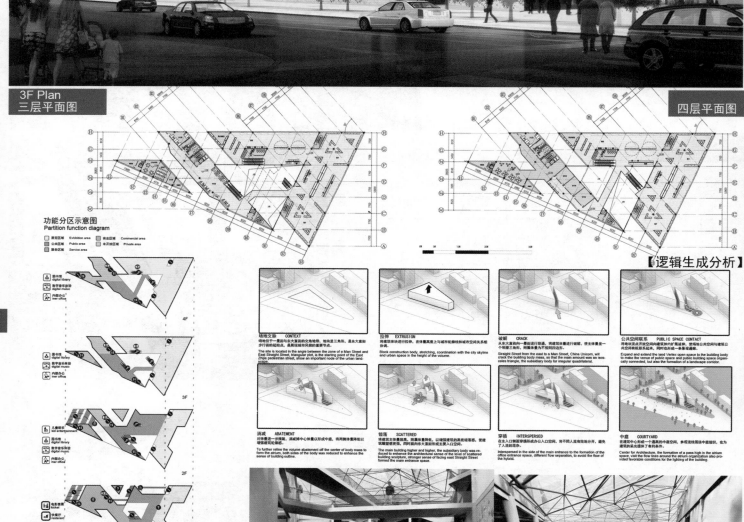

位于罗马的西班牙大台阶可以说是室外公共空间的典范，其尺度宜人的围合恰到好处的开敞性，使得此地成为室外活动的重要场所。
Spanish steps in Rome can be said to be a model of an outdoor public space, its scale and pleasant sense of enclosure and space open, making the place as an important place for outdoor activities

位于建筑右侧的大台阶是其前端广场的延伸，将人流直接引入建筑的第二层，让室内外空间有机结合。
Located in the building on the west side of the big step is the pioneer square extension, will flow directly into the building second layer, make indoor and outdoor space combination.

脱离其空间的控制线，强烈的纵深感和围合感形成了此地的空间特质，对人群的停留是有利。
Detached from the space control line, a strong sense of depth and sense of enclosure formed here and spatial qualities, very beneficial to stay on the crowd.

建筑的走势起到了很好的空间导向作用，起伏度越来越多于人群的停留，而100毫米高的室外阶梯也更利于攀爬。
Architectural trend has played a very good spatial guiding role, playing scales are also more prone to population stays, while 100mm small step is also more conducive to outdoor climbing.

-1F Plan
负一层平面图

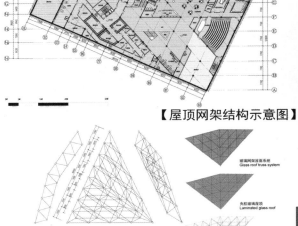

1-1 Section
1-1剖面图

2-2 Section
2-2剖面图

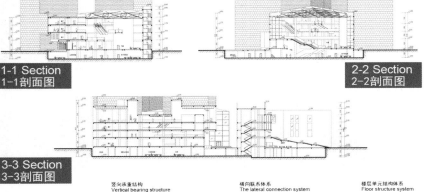

3-3 Section
3-3剖面图

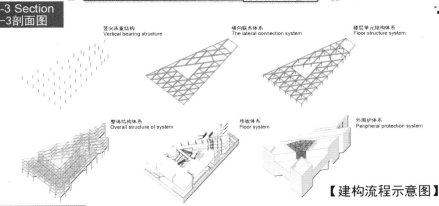

【屋顶网架结构示意图】

竖向承重结构
Vertical bearing structure

横向联系体系
The lateral connection system

楼层单元结构体系
Floor structure system

整体结构体系
Overall structure of system

楼板体系
Floor system

外围护体系
Peripheral protection system

玻璃网架屋面系统
Glass roof truss system

夹胶玻璃屋顶
Laminated glass roof

钢结构网架体系
Net frame steel structure system

【建构流程示意图】

【屋顶网架节点构造】

钢网架

South Elevation
南立面图

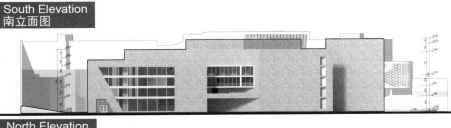

North Elevation
北立面图

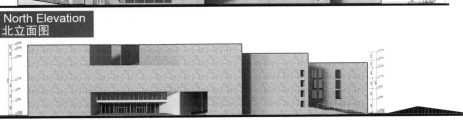

East Elevation
西立面图

17

视觉媒体中心建筑设计
Visual Media Center Architectural Design

单体设计者:
祝乐

指导老师:
邓蜀阳 阎波

本项目为一视觉媒体中心设计,主要包括电影院、商业售卖、艺术展示、小剧场、书吧式茶座、后勤办公用房、设备用房等。建筑可考虑集中或分散布置。

设计中充分考虑寒地区域的气候特征,注重建筑节能和室内外生态环境设计,利用建筑或技术手段解决自然通风、日照控制等问题,采用低能耗的先进设备和可再生能源营造宜人的小气候。

【多维度设计_视觉媒体商业综合体概念】
**Multi-denvisional conception
visual media &commercial complex conception**

【城市控制要素】
Limited Element from Urban

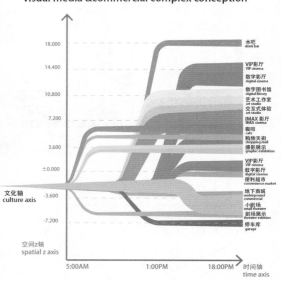

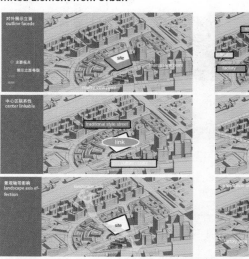

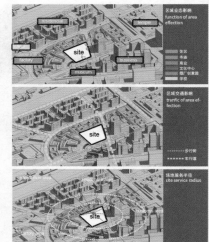

1F Plan
一层平面图

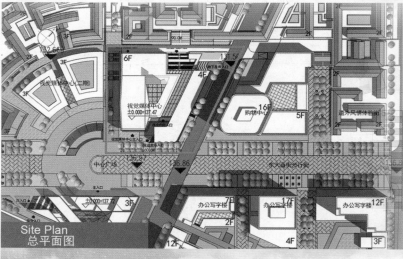

Site Plan
总平面图

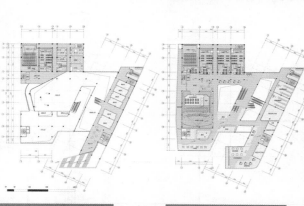

2F Plan
二层平面图

3F Plan
三层平面图

Dimensions of City
_Harbin Old Urban Space Renewal and Architectural Design
维度城市——哈尔滨老城区城市空间改造与建筑设计

视觉媒体中心建筑设计
Visual Media Center Architectural Design

【生态形态研究】
Eco-geometry Research

通过引入谢尔宾斯基三角形分形处理，联系形态学的三角形分形态的研究探索，确定一种形态研究的方式。

通过GRASSHOPPER和RVB SCRIPT对数据进行处理，联系形态学的形态研究表达式

通过ECOTECT软件分析，得出形体设计参数

【生成过程】
Generation processing

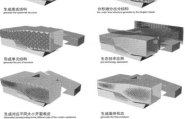

| 4F Plan 四层平面图 | 5F Plan 五层平面图 | 6F Plan 六层平面图 |

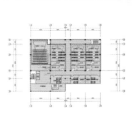

【功能轴测分解】

19

1-1 Section
1-1剖面图

2-2 Section
2-2剖面图

3-3 Section
3-3剖面图

【墙身构造】

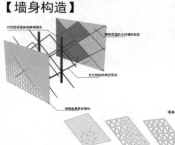

【墙身大样】

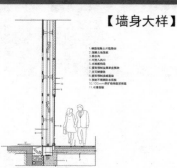

【建构过程】

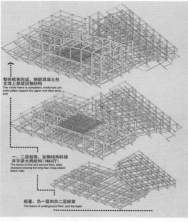

Southeasten Facade
东南立面图

-1F Plan
负一层平面图

-2F Plan
负二层平面图

【电影影厅细部设计】
技术指标

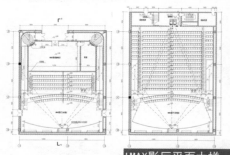

IMAX影厅平面大样

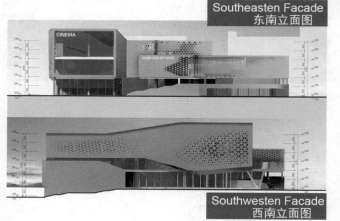

Southwesten Facade
西南立面图

4号影厅平面大样

3号影厅平面大样

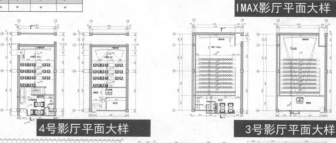

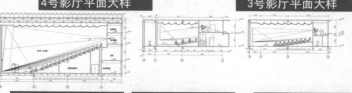

IMAX影厅1-1剖面

3号影厅1-1剖面

4号影厅1-1剖面

T h i c k
F a c a d e

低密度文化商业街区与建筑设计

单体设计者:
涂颖佳

指导老师:
邓蜀阳 阎波

本建筑首先属于街区设计的一部分,其中建筑布局与最具有哈尔滨特色的道外建筑群一脉相承,尺度以7m的街道与11m的条形建筑合院式布局为主。其次,结合哈尔滨的文化与地域背景,创新性地提出了"厚立面"的概念,将人行公共空间转化为带顶的玻璃体量,以太阳房和THROMBE墙为原型,使建筑实体外形成有保温蓄热功能的灰体,并形成连续的界面,使得冬季的商业界面更加具有活力。在这样的空间原型基础上,结合哈尔滨建筑文化因素,将蓄热玻璃体量的内立面作饰面处理,形成具有特色的商业氛围。

寒地地域影响

Thrombe 墙　　阳光房

边缘文化影响

哈尔滨老城区建筑风貌

古典立面连续券比例与券的类型

[墙]-[厚立面]概念生成

传统肌理
文化内立面
保温公共区域

多重墙面构成的城市空间

普通墙　　寒地加厚墙　　空气保温层　　保温层加厚形成空间　　空间连续形成公共区域

墙原型的演变

冬季热辐射对比分析

墙体多重立面的非线性实现

古典比例内立面
南向±15°外立面

形成不稳定的28
边形晶体

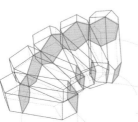

非线性设计保证各个角度的内立面均能实现南向采暖的外立面

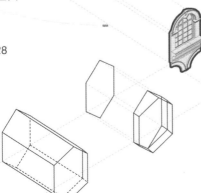

双重古典饰面

保温蓄热层

低导热框架

双层吸热玻璃

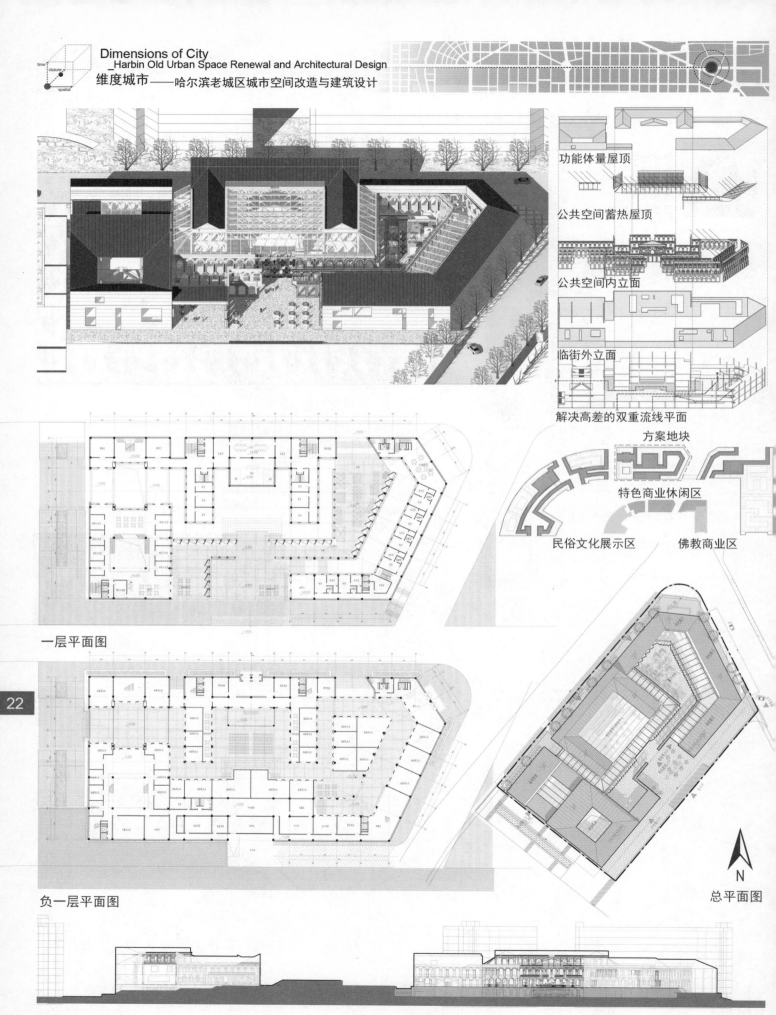

功能体量屋顶

公共空间蓄热屋顶

公共空间内立面

临街外立面

解决高差的双重流线平面

方案地块

特色商业休闲区

民俗文化展示区　佛教商业区

一层平面图

负一层平面图

总平面图

N

西南立面图　　　　　　东南立面图

二层平面图

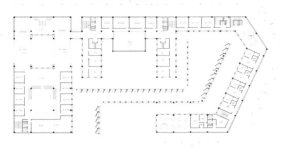

三层平面图

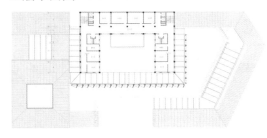

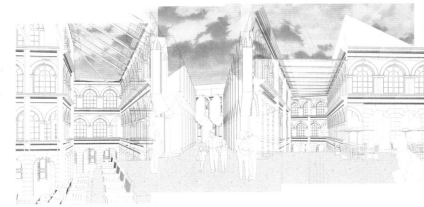

立面构件转角节点2大样图　立面构件转角节点1大样图

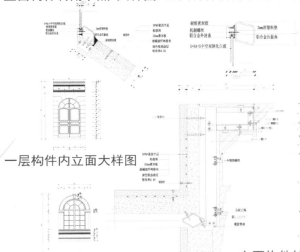

一层构件内立面大样图

一层以上构件内立面大样图

1-1剖面图

2-2剖面图

3-3剖面图

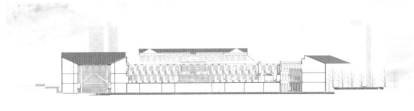

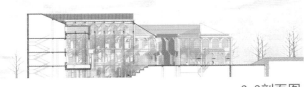

立面构件转角节点3大样图

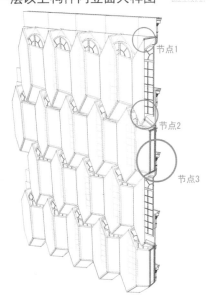

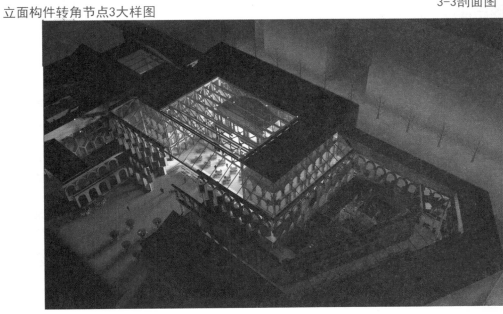

23

城市链街
I-Link

重庆大学
CHONGQING UNIVERSITY

设计者：
陈 功　崔路明
王淑华

哈尔滨老城区城市空间改造与建筑设计
Space Reformation and Architectural Design for Old City Areas in Harbin

指导教师：邓蜀阳　阎 波

　　本设计以延续场地周边历史、文化、商业轴线为目标，创造城市公共活动空间。设置与定位相关的功能，创造高品位的城市空间为目标，并提出相关概念"城市链街"（i-Link），创造出城市文化，绿化公共和商业三条链接轴线，达到哈尔滨南岗区商业，文化，城市公共空间的传承与发展。旨在创造出有创意的（Idea）、整合的（Integrated）和有趣的（Interesting）的城市中心地段，龙头地位的城市空间。

区位分析

大直街发展历史：　1880年：江水冲刷形成黄土岗——"龙脉"　　博物馆广场　教化广场
　　　　　　　　　　1899年：龙脉上修建大直街　　　　　　圣·尼古拉大教堂为中心

周边节点

铁路沿线　　　　老巴夺烟厂　　　文化建筑及场所

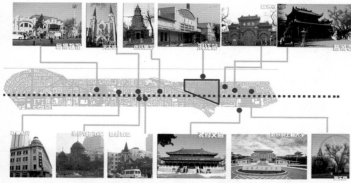

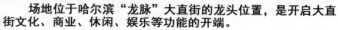

　　场地位于哈尔滨"龙脉"大直街的龙头位置，是开启大直街文化、商业、休闲、娱乐等功能的开端。

　　大直街位于全市中心，东起哈尔滨游乐园，西至电表厂与学府路衔接，中间以博物馆广场为分界点，分东西大直街。

交通分析

场地周边车行分析

大直街步行地段分析

场地周边下穿道分析

场地周边交通节点分析

建筑分析

场地内建筑新旧分析

场地内建筑年代分析

场地内建筑高度分析

场地内建筑功能分析

1. 大直街是有着深厚文化底蕴的文化之街。

2. 大直街是有着光荣革命传统的爱国主义教育长廊。

3. 大直街既是旅游观光黄金之路，同时也是游人的购物天堂。

绿化分析

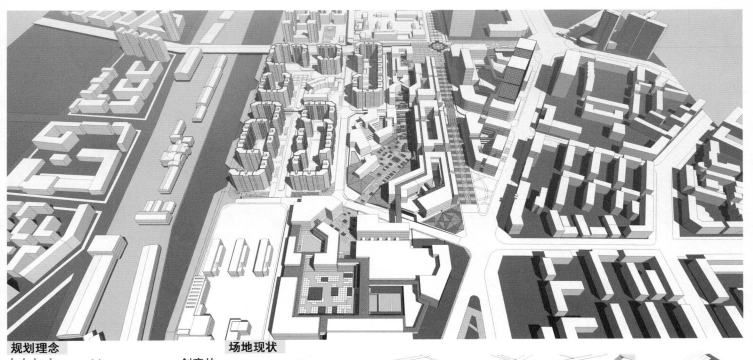

规划理念

I-Link

Idea	创意的
Integrated	整合的
Interesting	有趣的

轴线

文化链接　　商业链接　　绿色链接

功能

上位规划　　场地调研　　轴线定位

文化轴线：
文化产业园 文化街道

商业轴线：
高端商业 高层酒店 大型商场

公共空间轴线：
城市公园景观 冰雕展览

场地现状

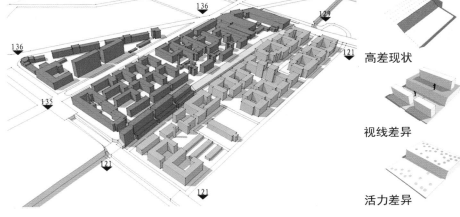

高差现状

视线差异

活力差异

规划轴线

场地位于大直街端头，龙脊上的龙头部分。

场地位于南岗区，南岗区是历史城区，历史文化街区，历史文化风貌区的集中地。

文化区和场地叠加，显示出场地为文化断带区，文化没有得到延续。

创造文化轴线，连接城市文化脉络。

大直街文化建筑

重要节点建筑

烟厂建筑群

文化公园

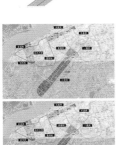
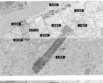

欧域文化的商业区
现代都市商业区
地方传统商业街区

中央大街
大直街
景阳街

哈尔滨现代化
CBD区域

大直街端头
商业的开端

游人的购物
娱乐休闲天堂

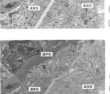

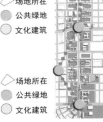

场地所在
公共绿地
文化建筑

场地所在
公共绿地
文化建筑

场地所在
公共绿地
文化建筑

25

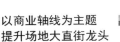

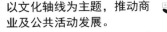

以文化轴线为主题，推动商业及公共活动发展。

以商业轴线为主题提升场地大直街龙头地位，激发场地活力。

以绿色公共轴线为主题辅助商业文化功能的发展，提供场所。

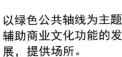

展场　绿地　步道
休息　观赏　餐饮

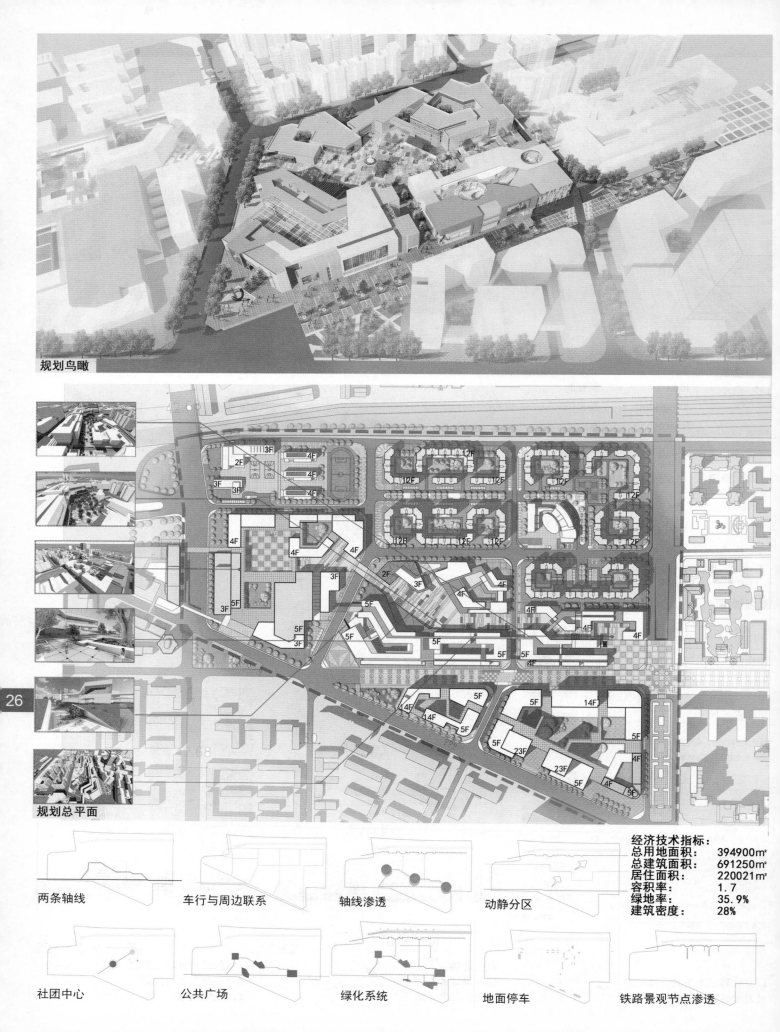

规划鸟瞰

规划总平面

两条轴线

车行与周边联系

轴线渗透

动静分区

社团中心

公共广场

绿化系统

地面停车

铁路景观节点渗透

经济技术指标：
总用地面积： 394900㎡
总建筑面积： 691250㎡
居住面积： 220021㎡
容积率： 1.7
绿地率： 35.9%
建筑密度： 28%

建筑退让形成三角景观，集餐饮、办公、居住，服务于周边商务办公、旅游、学校人群。

49所老建筑，通过加建，功能置换为会展中心。

以老烟厂文化创意产业园为起始，延伸出一条文化产业链，连接园区与极乐寺文化保护区。

将场地铁路职工家属及大方里小区原住民还迁，小高层住宅按照哈尔滨采光要求布局，并形成中心绿化景观带。

商务酒店片区

保留原有板式小高层，通过加建形成入口架空空间，双子高层塔楼作为片区标志。

保留原有烟厂厂房，功能置换为文化博览建筑。

延续大直街的商业业态分布，结合全步行大直街区，整合购物、餐饮、休闲为一体。

将场地原有大方里学校搬迁至此，相对独立于住区，营造较为安静良好的教育环境。

会展中心

文化产业街区

住区

功能分区 **商务办公片区**

老烟厂文化创意园区

大直街带状商业片区

中小学

场地现状

规划轴线

建筑体量

轴测分析

功能分区

城市景观

城市设计

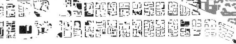

场地肌理与城市肌理

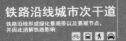

铁路沿线城市次干道
铁路沿线形成绿化景观带以及景观节点，并因此消解铁路影响

社区干道
中间绿化，贯穿整个社区，连接住区各住户

社区内支路
连接住区各住户

城市次干道
过渡上下高差，并用植被分隔动静区

文化创意街中心广场及步行道
中心广场开敞，景观丰富，两侧分别是文化中心及商业

大直街步行道
中间绿化，两边步行通道，两侧均为商业

一曼街
城市主干道
两侧为商务办公及酒店区域

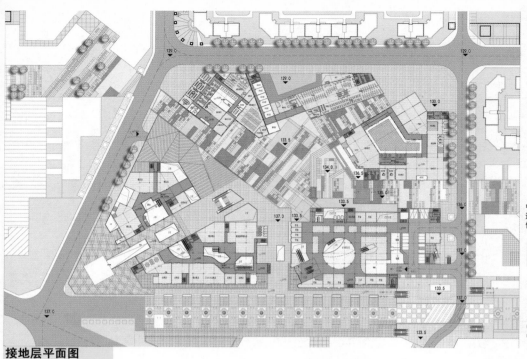

接地层平面图

大直街的终点是场地的入口广场，设法将广场与中心区连接起来。

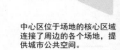

中心区位于场地的核心区域连接了周边的各个场地，提供城市公共空间。

中心区位于场地的核心区域连接了周边的各个场地，提供城市公共空间。

商业建筑地下层设置车库，提供长时间停留在场地的必要条件。

中心区的车行流线，已环绕中心区的方式，让人车分流。

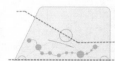

商业区步行游览流线与区域核心区，以及与入口广场相互联系。

中心区商业建筑设计

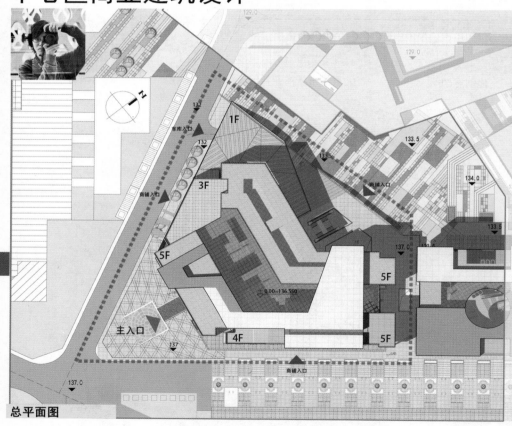

总平面图

技术经济指标			
项目		单位	数值
总用地面积		m²	17207
总建筑面积		m²	52636
1、按功能分	配套商业	m²	41999
	地下车库	m²	8787
	设备用房	m²	1850
2.按地上地下分	地下建筑面积	m²	10637
	地上建筑面积	m²	41999
计容面积		m²	41999
建筑投影面积		m²	10790
绿地面积		m²	2478
容积率			2.44
建筑密度		%	0.63
绿地率		%	14
总层数（地上/地下）		F	5/-2

设计说明

　　本次设计基地位于哈尔滨"老巴夺"烟厂及周边区域，用地面积为39.4公顷。地块所处的区域集中了丰富的历史文化和景观资源，是城市重点控制区根据构思的设定，商业建筑的一个主要作用是做为城市轴线的起点。为设定的城市轴线提供视线，交通等的通畅性。建筑在设计中为创造视线通廊在三轴交汇广场处做局部架空设计，架空部位为城市提供轴线视线需求。且穿行流线通畅，创造出流动的，富有空间趣味性的城市购物空间，使人在购物中感受到步移景异的效果。

建筑立面与
道路围合广场

折板建筑体量
消解场地高差

中庭空间
的体验游览

城市设计中
的两条轴线

建筑架空
形成通廊

入口广场的
分流与导向

鸟瞰图

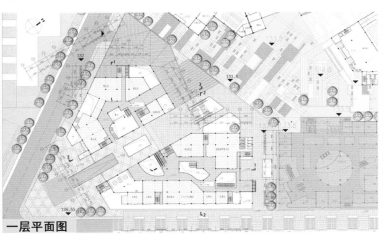

一层平面图

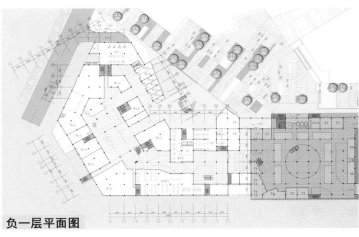

负一层平面图

二层平面图

三层平面图

四层平面图

五层平面图

轴测分析

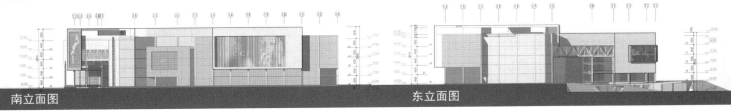

南立面图

东立面图

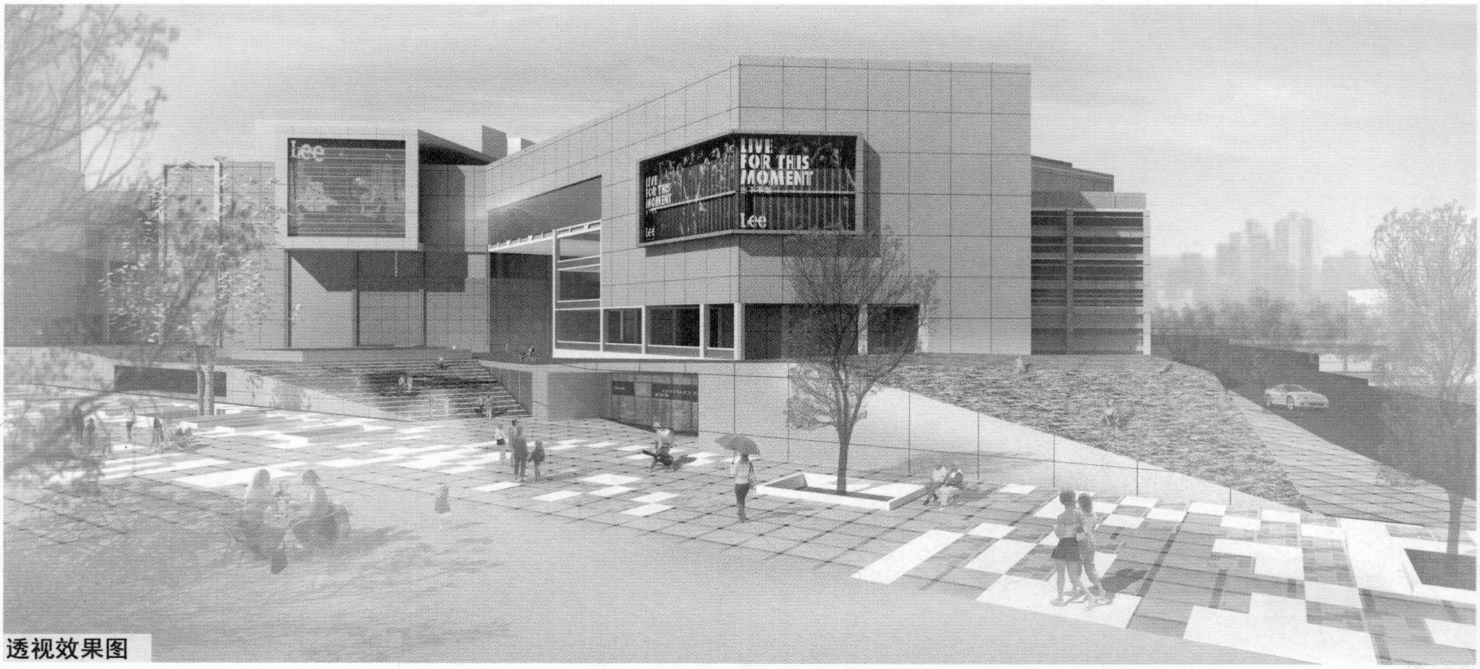

Lee
LIVE FOR THIS MOMENT
Lee
透视效果图

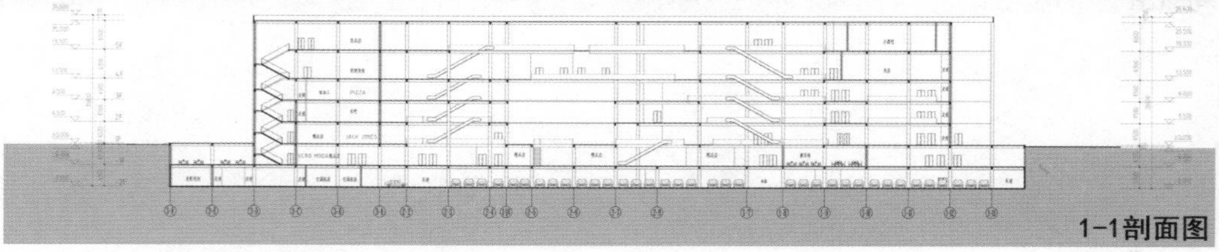

1-1剖面图

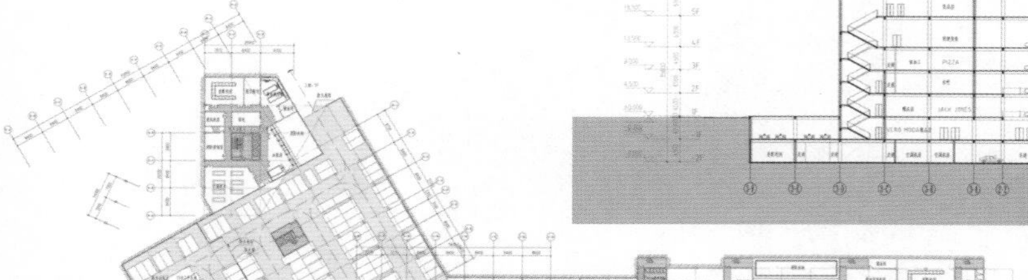

负二层平面图

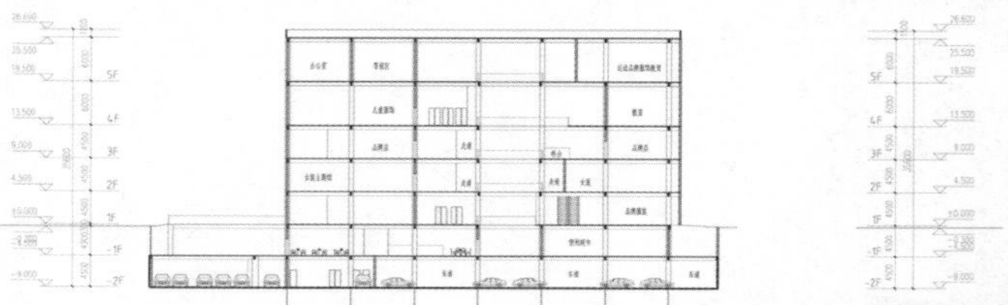

2-2剖面图

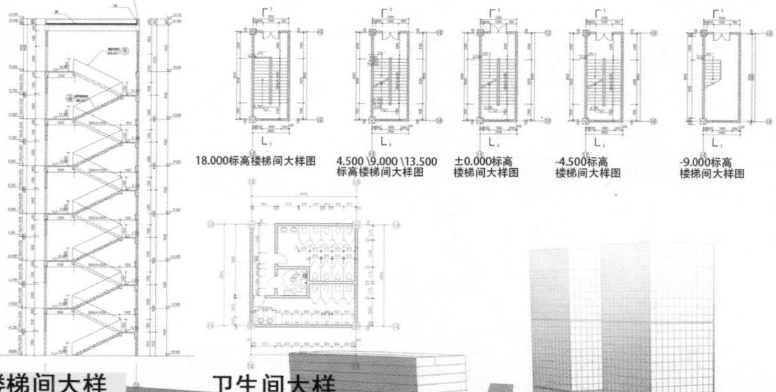

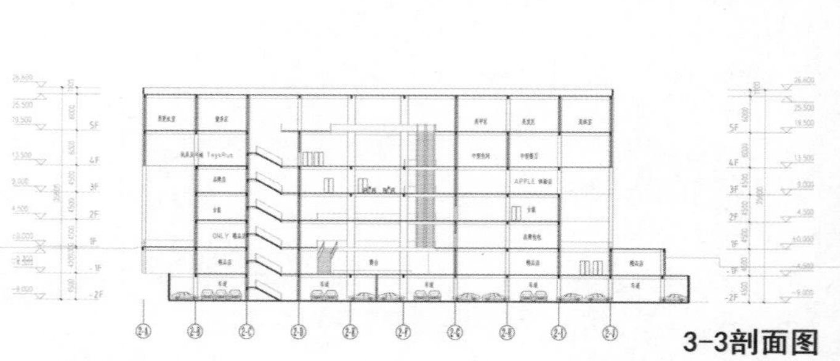

18.000标高楼梯间大样图
4.500 \9.000 \13.500
标高楼梯间大样图
±0.000标高
楼梯间大样图
-4.500标高
楼梯间大样图
-9.000标高
楼梯间大样图

3-3剖面图

楼梯间大样　卫生间大样

展示
休闲娱乐
连接
导向
分流
导向
展览建筑
城市公共空间
串联各个建筑体量
中心广场
建筑局部三层架空
形成连接中心广场
与入口广场的空间
连接通道
大直街、商业步行街、
建筑外部空间的节点
大直街进入场地的入口广场
剖透视分析

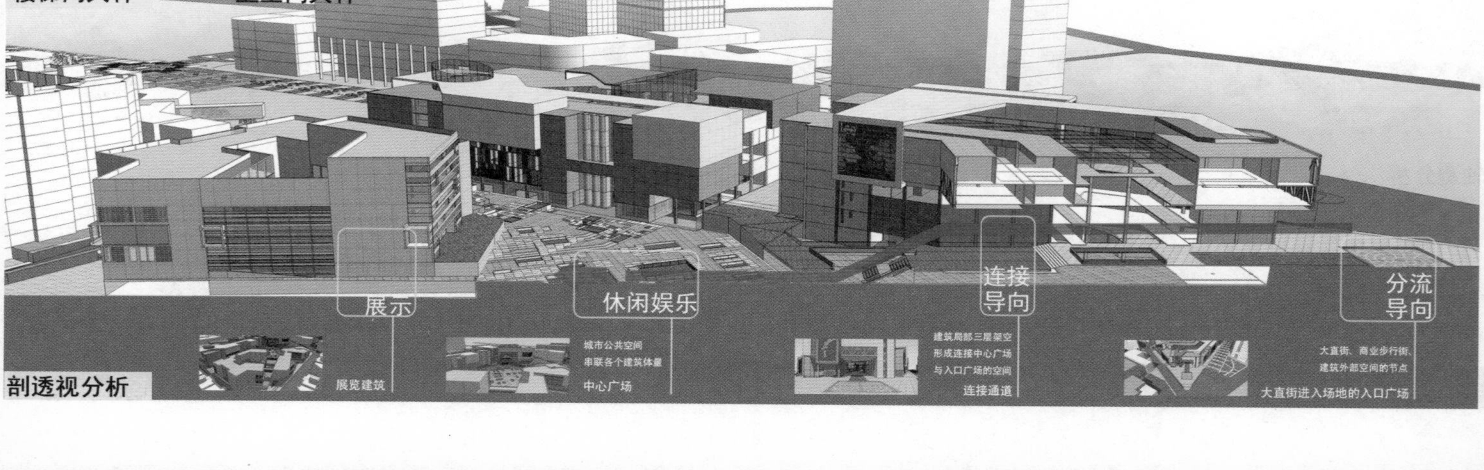

商业综合体设计

总平面图

一层平面图

负一层平面图

经济时代	农业经济时代	工业经济时代	服务经济时代	体验经济时代
经济提供物	产品	商品	服务	体验
经济功能	采掘提炼	制造	传递	舞台展示
提供物的性质	可替换的	有形的	无形的	值得记忆的
关键属性	自然的	标准化的	定制的	个性化的
供给方法	大批储存	生产后库存	按需求传递	在一段时期之后披露
卖方	贸易商	制造商	提供者	展示者
买房	市场	用户	客户	客人
需求要素	特点	特色	利益	突出感受
经济模式	购买型消费			感受型消费

时间	发展阶段	数量	主要特征	举例
1993－1995年	萌芽阶段	约10家	大多配以酒店、商务办公功能	广州中华广场
1996－2001年	起步阶段	100家以内	以零售业为主导来集合其它消费服务功能	重庆大都会广场
2002-2008年	发展阶段	800-1000家	特大型城市出现了超大型的购物中心和郊区型购物中心,特别是主题型购物中心也纷纷亮相	深圳华润中心,万象城

比较	比较内容	传统购物中心	主题体验式购物中心
不同侧重点	设计核心	建筑	场所
	设计特征	功能性、是舒适性	体验式、主题性
	设计理念	注重建筑功能和建筑艺术,使消费者注意	注意消费者;制造体验营销的触媒和注重场所所精神,架构以主题体验的戏剧舞台
	设计对策	规划设计、建筑设计	建筑策划、综合建筑,室内、景观等统一设计,场所制造
	设计实例	北京王府井	日本难波公园
共同点	设计特征	功能服务多样化:购物、餐饮、休闲,娱乐	
	设计理念	生态,以人为本,可持续发展	
	设计对策	规划选址,功能布局,交通组织	

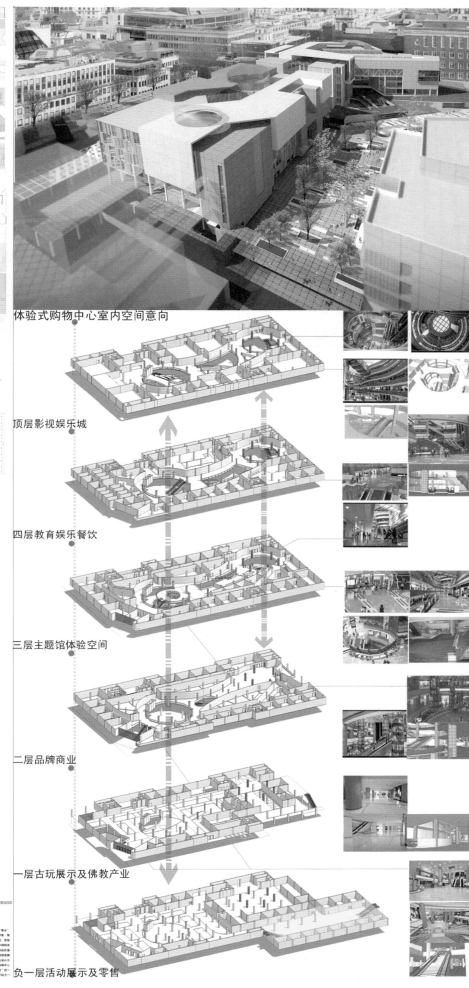

体验式购物中心室内空间意向

顶层影视娱乐城

四层教育娱乐餐饮

三层主题馆体验空间

二层品牌商业

一层古玩展示及佛教产业

负一层活动展示及零售

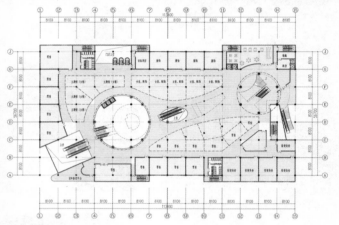

二层平面图

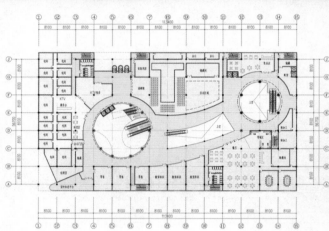

四层平面图

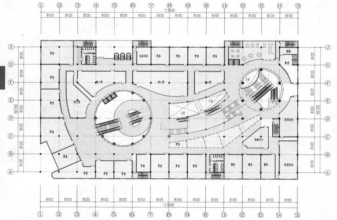

三层平面图

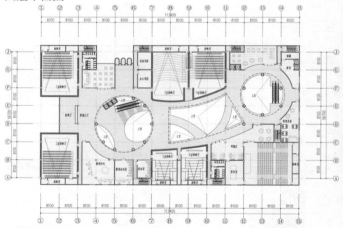

五层平面图

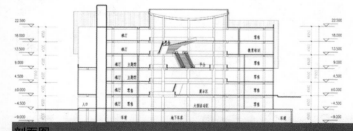

剖面图

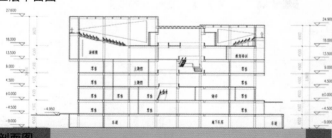

剖面图

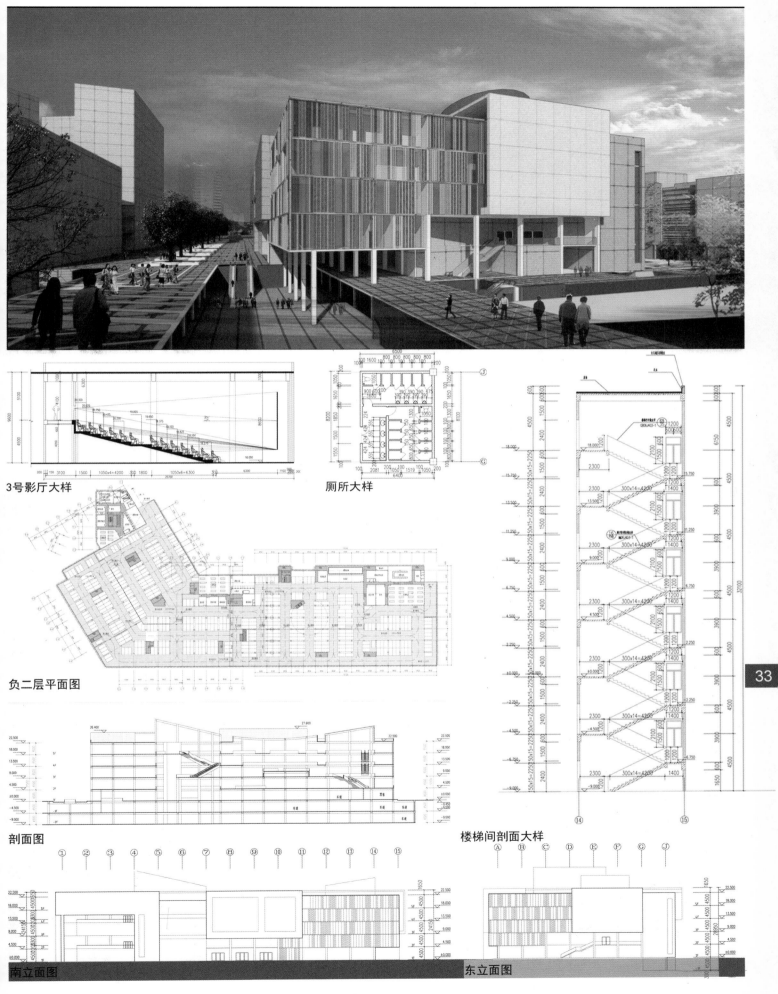

3号影厅大样

厕所大样

负二层平面图

剖面图

楼梯间剖面大样

南立面图

东立面图

设计说明:
　　设计所选场地位于文化轴线和城市轴线围绕地段，功能设定为文化中心。通过文化功能的设定来激活场地，注入活力，且增设场地互动性功能。同时创造不同等级公共活动空间，并将文化功能与公共活动空间相互结合，创造宜人的外部活动空间，来适应哈尔滨的寒地气候。

经济技术指标:
总用地面积：28500㎡　　建筑面积：28190㎡
展览面积：11078㎡　　活动室面积：2766㎡
阅览空间面积：7592㎡　　雕刻研究所面积：5995㎡
建筑容积率：0.99　　建筑密度：40%

-3.600标高层平面图

0.000标高层平面图

剖面图1-1

剖面图2-2

剖面图3-3

文化中心建筑设计

34

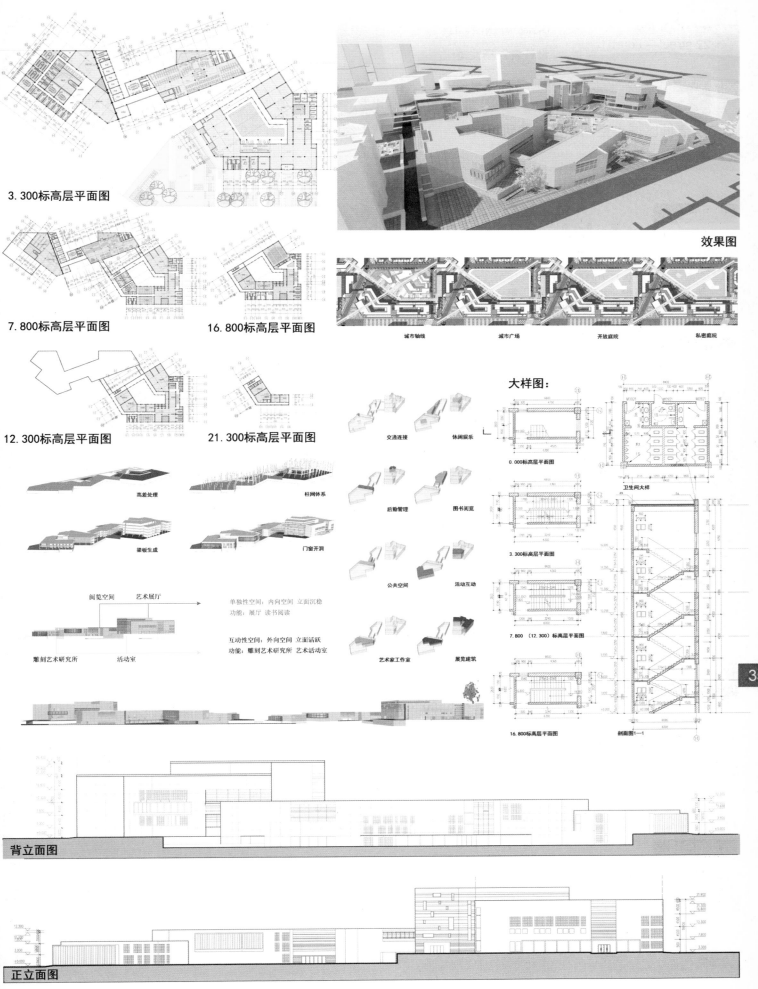

3.300标高层平面图

7.800标高层平面图

16.800标高层平面图

12.300标高层平面图

21.300标高层平面图

效果图

城市轴线　城市广场　开放庭院　私密庭院

高差处理

柱网体系

梁板生成

门窗开洞

交通连接

休闲娱乐

后勤管理

图书阅览

公共空间

活动互动

艺术家工作室

展览建筑

阅览空间　艺术展厅

雕刻艺术研究所　活动室

单独性空间：内向空间　立面沉稳
功能：展厅　读书阅读

互动性空间：外向空间　立面活跃
功能：雕刻艺术研究所　艺术活动室

大样图：

0.000标高层平面图

3.300标高层平面图

7.800（12.300）标高层平面图

16.800标高层平面图

卫生间大样

剖面图1—1

35

背立面图

正立面图

22院街
22 street— court

重庆大学
CHONGQING UNIVERSITY

设计者：杨戈漩
　　　　李雪菲
　　　　毛爱莲

通过对哈尔滨城市格局的综合分析，从公共空间系统的角度出发，对城市肌理进行了分析和整理，提出了规划的基本概念，以北方城市的传统院落作为公共空间和基本原型，进行推演，形成了公共空间的一种模式，逐渐形成了22个街院的规划格局。

哈尔滨老城区城市空间改造与建筑设计
Space Reformation and Architectural Design for Old City Areas in Harbin

指导教师：邓蜀阳 阎波

Part 1　调研分析

城市定位

哈尔滨是黑龙江省省会，中国东北北部的政治、经济、文化和交通中心。黑龙江省是中国最东北的省份，北部、东部与俄罗斯相望；西部与内蒙古自治区毗邻；南部与吉林省接壤。

产业结构

哈尔滨产业结构转型

在老工业基地普遍面临衰退、谋求重振的宏观背景下，哈尔滨市为数众多的老工业区也不同程度地进入改造和调整时期，老工业基地的复兴成为哈尔滨市工业发展的重大问题，创意产业对于促进哈尔滨经济发展和产业升级具有重要意义，哈尔滨市的创意产业已经自发形成，高校周边临街散布着一些自发形成的创意工作室，对于创意产业园区也有一定的尝试，如位于群力新区天平路上的哈尔滨工业大学国家大学科技园，黑龙江动漫产业发展基地和规划实施中的哈尔滨群力文化产业园。

城市扩张与产业发展

哈尔滨市产业结构呈现出由低级到高级，由严重失衡到基本合理的发展轨迹
第一阶段（1953~1980）
　　"一五"时期，奠定了哈尔滨市工业基础，形成了一个以重工业占主导地位的产业体系。
第二阶段（1981~1990）
　　工业以重工业为主导向优先发展轻工业转化，同时，传统工业逐步丧失了优势。
第三阶段（1991~2000）
　　第三产业中的现代服务业发展迅猛，但传统工业改造步伐不快，工业没有实现跨越式发展。
第四阶段（2001~至今）
　　哈尔滨市加快了产业结构的调整，高新技术产业快速发展，传统产业整合步伐加快。

区位分析

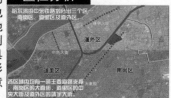

上位规划

哈尔滨最初规划——大直街——龙脊

大直街在哈尔滨的城市规划上处于一个重要的地位，是哈尔滨最开始形成的一个街区版块，记载了哈尔滨的历史。

36

大直街连续性分析

大直街沿街建筑群

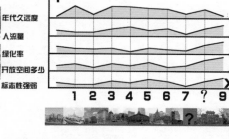

年代久远度
人流量
绿化率
开放空间多少
标志性强弱

1 2 3 4 5 6 7 ? 9

1. 本场地缺乏活力。
2. 在景观和历史方面不能形成大直街整个的连续性。
3. 对于城市的开放性较弱。
4. 建立的年代较晚，没有能够和大直街其他历史节点相匹配的文化内涵。

解决策略：
1. 对地块的公共空间系统进行多样化处理，丰富人群的公共生活，公共空间同时要考虑哈尔滨当地的地域文化、习惯、气候条件，增加合适的公共活动，提高场地的灵活性。
2. 在本方案的地块适当进行拆除和改造，增加沿大直街公共建筑的数量，延续大直街的文化轴线。
3. 在本场地植入对城市的开放空间和景观，文化游览路线，让场地和城市发生更紧密的联系。
4. 在地块的业态配置上，要结合哈尔滨城市转型给场地的发展带来的契机。

场地分析

1. 城市肌理

1) 哈尔滨市城市肌理

南岗区的规划以大直街为中心，在其两侧采用廊道式布局。

道里区以中央大街为核心，多条相互平行的大街垂直于松花江布置，形成许多东西长、南北窄的小街坊。

道外区靖宇大街与南岗区大直街与中央大街的鱼骨式布局有异曲同工之妙。

2) 中心城区鱼骨状肌理

3) 大直街肌理

2. 大直街建筑布局

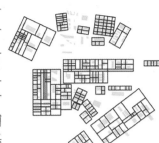

大直街建筑沿袭道路网格布局，并且呈内向院落式围合布置，沿街建筑立面完整。

地块内建筑呈正交式布置，并且沿网格布置。

3. 场地周边区域建筑布局

哈尔滨建筑组合形式多采用合院式布局，院落空间形式分四合院、三合院、两合院及两进或多进式院落单体建筑。

道外区近代建筑多为二层或三层，一字型和L型平面两种，再以不同的围合方式形成不同的合院。

4. 城市未来转型方向

基于城市产业结构转型而来的是哈尔滨对第三产业的重视与发展，规划依托教育资源形成四点高新技术产业区。

5. 构想

1) 城市肌理的延续

场地原有建筑形态

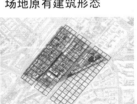

网格化场地

提取场地原有尺度

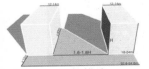

生成单一网格模块

网格化场地

空间合成

植入公共空间

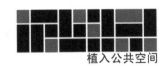

尊重并延续城市空间布局，承袭并补全大直街鱼骨式城市肌理。

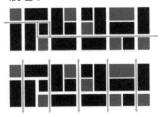

促进场地连通，创造步行体系沿用哈尔滨传统建筑组合模式，营造具有地域特色的城市空间。

2) 功能调整

保留那些存在于原有城市肌理中，有助于形成良好生活品质的要素，同时创造一些条件，促进区内活力和多样性的生活。

场地内建筑主要以住宅为主，同时兼有部分商业用途建筑及教育建筑、工业厂房。

1. 功能更新
2. 景观连续
3. 活力点植入

场地周边集中众多优秀的文化要素——哈尔滨工程大学、哈尔滨卷烟厂等，可以作为发展创意文化产业的依托。

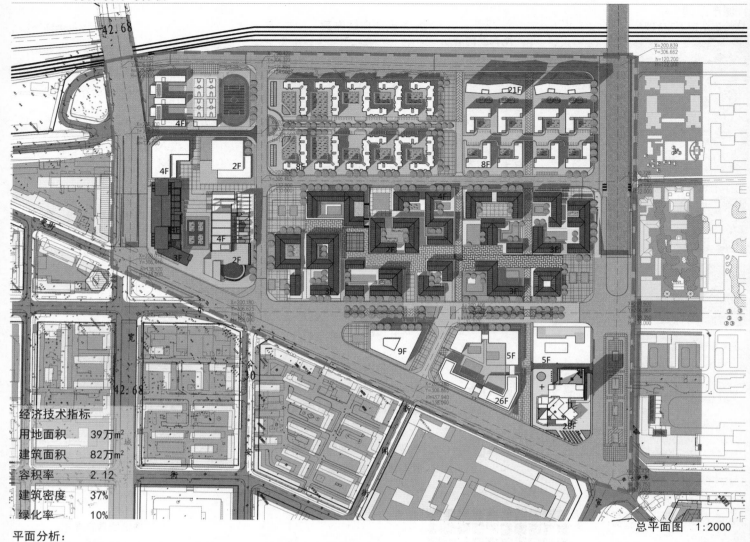

经济技术指标

用地面积	39万m²
建筑面积	82万m²
容积率	2.12
建筑密度	37%
绿化率	10%

总平面图　1:2000

平面分析：

功能分析

活力轴分析

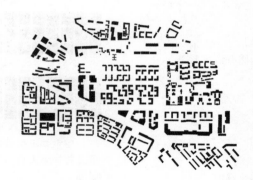

各地块出入口分析

城市界面分析

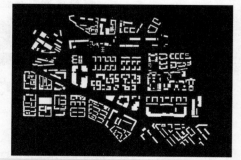

图底关系分析

交通分析

公共空间系统分析

地下空间系统分析

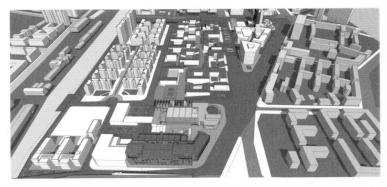

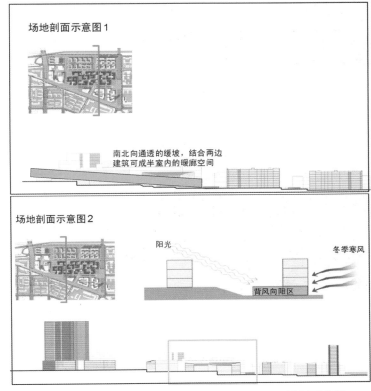

场地剖面示意图1

南北向通透的缓坡，结合两边
建筑可成半室内的暖廊空间

场地剖面示意图2

阳光

冬季寒风

背风向阳区

场地剖面分析

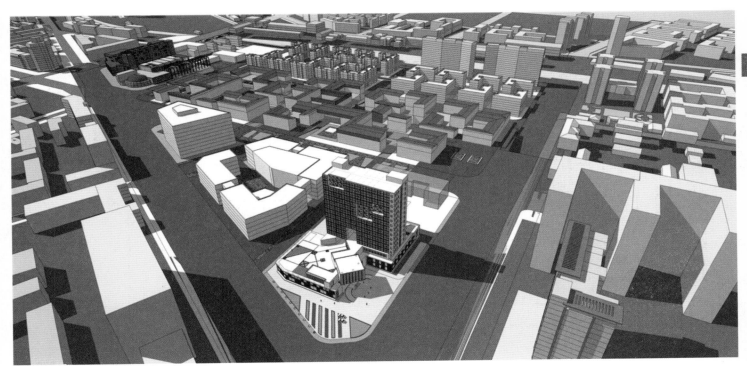

折射——旅馆
Cold Area Hotel Design

重庆大学
CHONGQING UNIVERSITY

设计者：杨戈漩

指导教师：邓蜀阳 阎波

设计的出发点主要是探讨建筑与寒地气候的关系，如何在理念上革新让建筑能够适应寒地地区的发展，采用低技的方式让这样的理念有可实现性。主要采取了两种策略，地下空间系统和双层表皮主动保温策略，为寒地城市的发展和建筑的发展提供发展的可能。

场地分析　　旅馆定位

旅馆位于交通节点处，交通便利，但是也有混杂的弊端，场地距离哈尔滨工程大学较近，由于高校经常有学术会议，将旅馆定位为会议商务型旅馆。

场地透视图

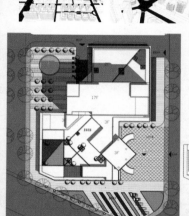

地下空间城市构想分析

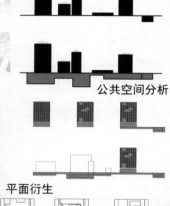

公共空间分析

平面衍生

经济技术指标：
总用地面积　6800m²　占地面积4800m²
总建筑面积 25400m²
容积率 5.28　建筑密度 74%
绿化率 15%　地下停车 63辆
地面停车20辆

一层平面图 1:300

二层平面图1:300

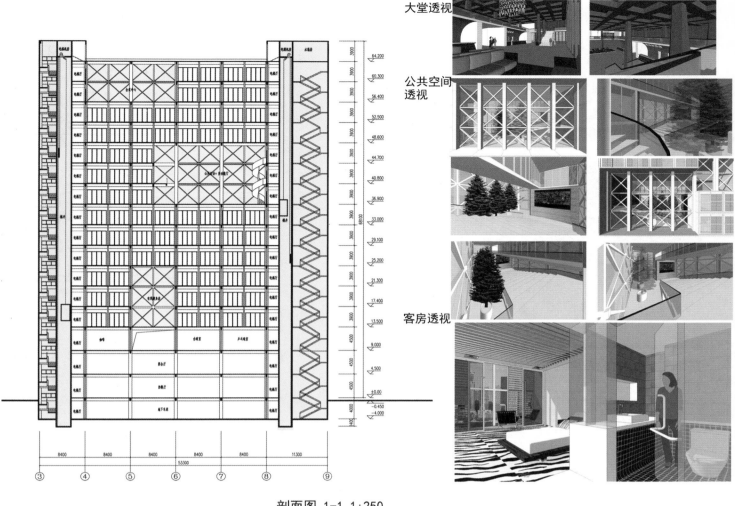

大堂透视

公共空间
透视

客房透视

剖面图 1-1 1:250

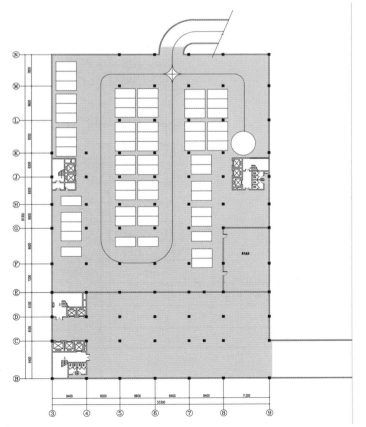

负一层平面图1:300

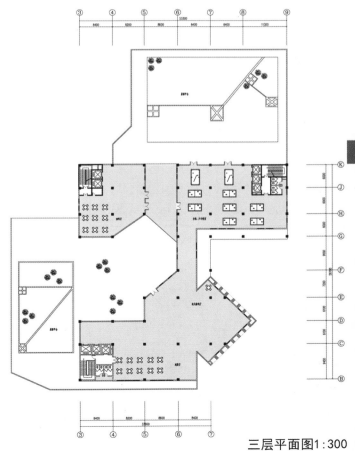

三层平面图1:300

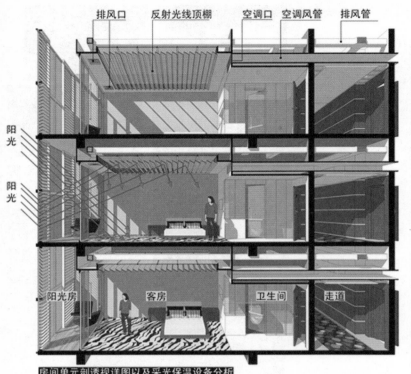

排风口　反射光线顶棚　空调口　空调风管　排风管

阳光
阳光

阳光房　客房　卫生间　走道

房间单元剖透视详图以及采光保温设备分析

1. 建筑主立面保温措施：根据我国寒带地区建筑保温传统做法，本设计中所有客房在主立面上均采用双层可密封玻璃墙，形成两层窗户。两层窗户之间形成阳光房，起到空气保温层作用，同时阳光房也是积极的活动空间。

2. 立面上增加反光百叶，使其上部和下部百叶对阳光进行不同的处理。上部阳光可直射到房间内，而下部阳光（通常利用率不高）被反射到屋顶从而使室内获得明亮的采光。

3. 本设计客房采用中央空调进行冬季供暖，靠近外墙的地方设置回风口进行空间循环。

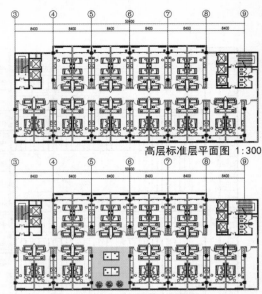

高层标准层平面图 1:300

+18.2标高平面 1:300

客房平面 1:100

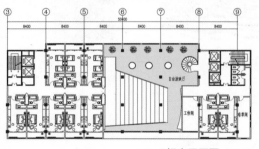

+38.2标高平面图 1:300

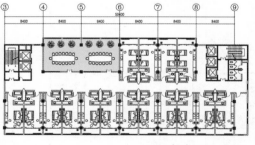

+56.7标高平面 1:300

大堂内部透视图

大堂外部透视

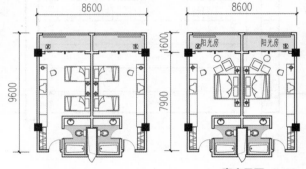

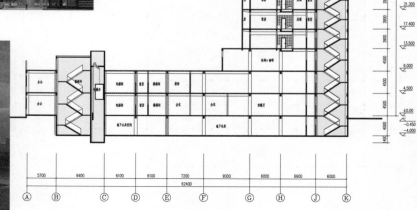

剖面图2-2 1:250

42

延续与发展——寒地地域文化与空间特色再创造

——哈尔滨烟厂厂房改造 | 回望、拼接 | 1

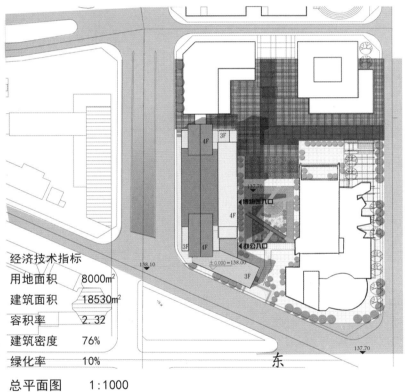

经济技术指标

用地面积	8000m²
建筑面积	18530m²
容积率	2.32
建筑密度	76%
绿化率	10%

总平面图　　1：1000

· 烟厂现状

· 改造构思

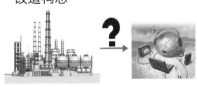

城市产业结构调整下哈尔滨烟厂将外迁。场地内的生产车间，造型采用现代简洁的手法，冷色调与老巴夺形成鲜明对比。

哈尔滨重工业发展历史可以展示并唤起人们的记忆，设计中考虑与老巴夺烟厂的呼应。

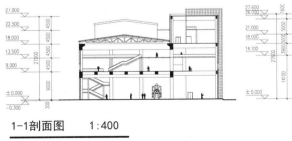

1-1剖面图　　1：400

西立面图　　1：400

东立面图　　1：400

南立面图　　1:400

基于空间多样基础上的立面设计

　　立面开窗应结合内部展示对采光
不同的要求，开窗形式或开敞或狭小。

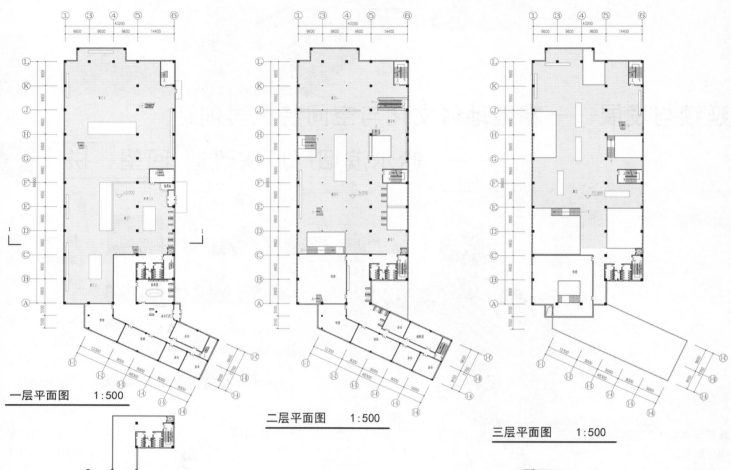

一层平面图　　1:500

二层平面图　　1:500

三层平面图　　1:500

办公二层平面图　　1:500

44

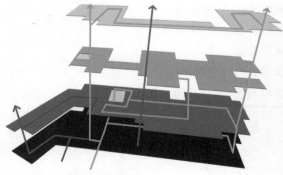

■ 参观流线

■ 疏散流线

■ 办公流线　　内部交通流线分析

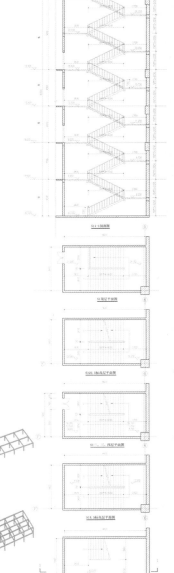

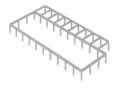

W1详图

石材
真石漆

M12膨胀螺栓长100
240x200x12镀锌钢板
8#镀锌槽钢
50x50x5镀锌角钢

8#镀锌槽钢
不锈钢干挂件

干挂石材大样 1:5

各部分顶均采用三角桁架，改建突出于原来之上，体形错落有致。

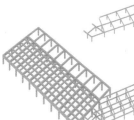

取消顶上部分桁架，加入框架结构，增加层数，丰富体量。

在二层高敞空间加入钢结构，形成夹层，以满足不同空间需求。

原来底层大跨空间采用井字梁，取消部分主梁间结构，使上下更通透。

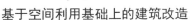

基于空间利用基础上的建筑改造

四层平面图   1:500

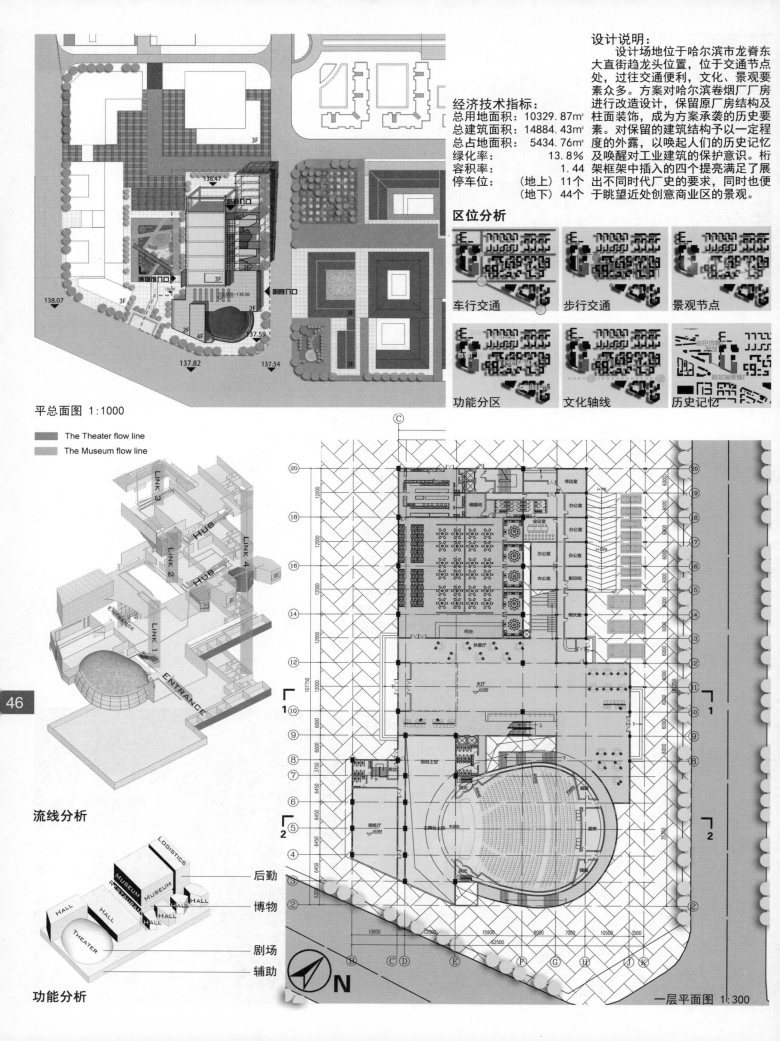

平总面图 1:1000

设计说明：
　　设计场地位于哈尔滨市龙脊东大直街趋龙头位置，位于交通节点处，过往交通便利，文化、景观要素众多。方案对哈尔滨卷烟厂厂房进行改造设计，保留原厂房结构及柱面装饰，成为方案承袭的历史要素。对保留的建筑结构予以一定程度的外露，以唤起人们的历史记忆及唤醒对工业建筑的保护意识。桁架框架中插入的四个提亮满足了展出不同时代厂史的要求，同时也便于眺望近处创意商业区的景观。

经济技术指标：
总用地面积：10329.87m²
总建筑面积：14884.43m²
总占地面积：5434.76m²
绿化率：　　　　13.8%
容积率：　　　　1.44
停车位：　（地上）11个
　　　　　（地下）44个

区位分析

车行交通　　步行交通　　景观节点

功能分区　　文化轴线　　历史记忆

The Theater flow line
The Museum flow line

流线分析

后勤
博物
剧场
辅助

功能分析

一层平面图 1:300

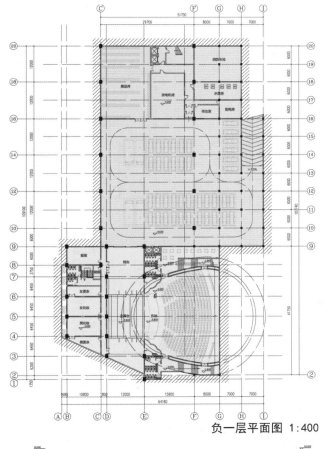

负一层平面图 1：400

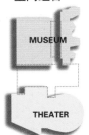

2-2剖面图 1：400

保留与改造策

1-结构

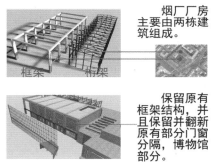

烟厂厂房主要由两栋建筑组成。

保留原有框架结构，并且保留并翻新原有部分门窗分隔，博物馆部分。

保留原有桁架结构，并使结构外露，特色展厅贯穿其中。

两厂房间加入玻璃体，使两种结构在同一时空进行对话。

2-材质

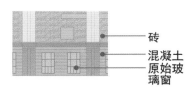

砖
混凝土
原始玻璃窗

锈蚀铁皮

钢架
原始钢柱

玻璃幕墙

3-空间策略

空间组合

MUSEUM

THEATER

大空间主要分为三层空间，布置功能。

自由、灵活布置展厅。

空间融合

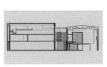

透明体谅连接两边建筑，增强空间融合和渗透。

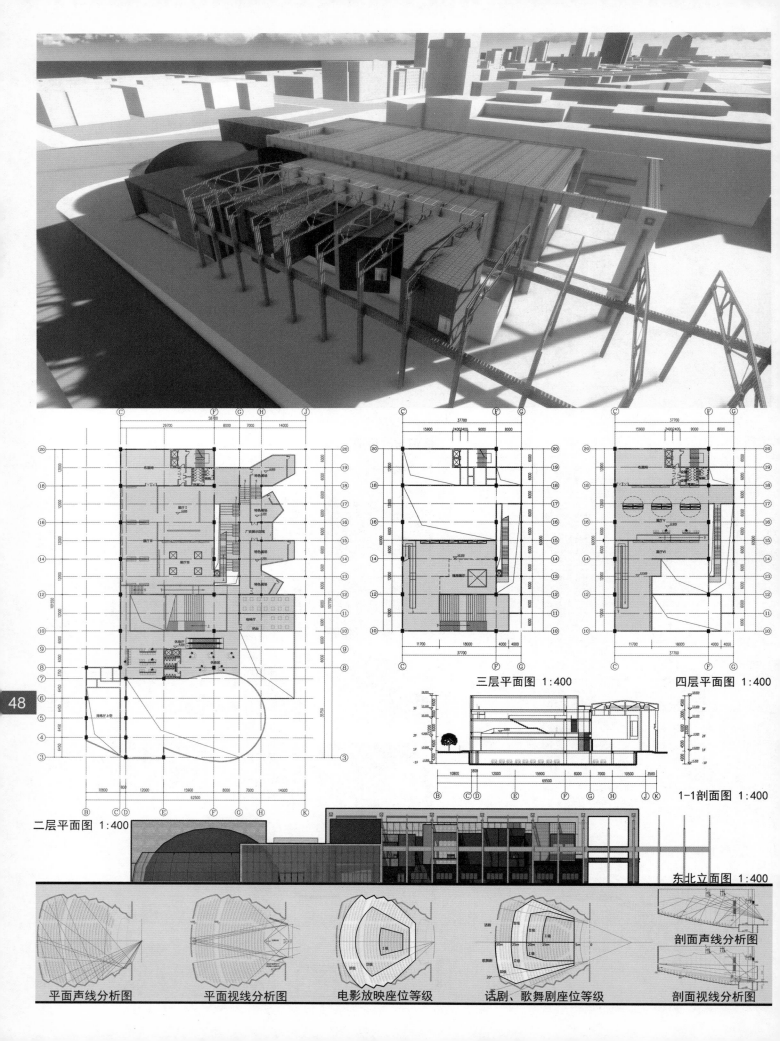

48

二层平面图 1:400

三层平面图 1:400

四层平面图 1:400

1-1剖面图 1:400

东北立面图 1:400

平面声线分析图　　　平面视线分析图　　　电影放映座位等级　　　话剧、歌舞剧座位等级　　　剖面视线分析图

剖面声线分析图

哈爾濱工業大學
HARBIN INSTITUTE TECHNOLOGY

■ 设计团队 WORKING GROUP

陈静忠　　毛悦　　罗良　　解潇伊　　刘芳菲　　谢林波　　雷冰宇　　孟夏　　马源鸿　　潘文特

吴方晓　　王诗朗　　魏巍　　王涤尘　　付美琪　　史佳鑫

哈尔滨工业大学 [折·步道]　　陈静忠 罗良 毛悦 解潇伊
哈尔滨工业大学 [聚以生商]　　刘芳菲 谢林波 雷冰宇 孟夏
哈尔滨工业大学 [交错]　　马源鸿 潘文特 吴方晓 王诗朗
哈尔滨工业大学 [行空]　　魏巍 王涤尘 付美琪 史佳鑫

■ 指导教师 INSTRUCTORS

周立军　　徐洪澎

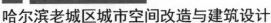

哈尔滨工业大学
HARBIN INSTITUTE OF TECHNOLOGY

设计者：
陈静忠 罗 良
毛 悦 解潇伊

哈尔滨老城区城市空间改造与建筑设计
Space Reformation and Architectural Design for Old cityAreas in Harbin

指导教师：徐洪澎 周立军

设计通过前期的调研与分析，将基地定位为哈尔滨未来的旅游文化商业区，根据基地现存的问题，我们在东大直街设计了步行桥。通过步行桥的建立，紧密了文化公园和极乐寺所组成的旅游区与大直街上商圈的联系；建立了立体交通体系，同时提升了大直街的地位。通过堡坎处设计标高为−7m的车行道路，增加坎下区域的可达性。在核心商业区通过下沉广场联系各个区域，创造丰富有趣的空间效果，也为地下空间的开发提供了便利条件。

基地位置

图例
- 居住区
- 学校
- 商业区
- 军区
- 极乐寺
- 文庙
- 工业区
- 铁路货运站
- 游乐园
- 规划区范围

基地内部及周围用地性质

场地由来
场地由大直街沿线与铁路修建发展而来，先后经历了沙俄、日本以及新中国政府三个规划时期，与周边老巴夺烟厂、极乐寺、文庙等关系紧密。

发展进程
1902.大直街规划
1917.一曼街规划
1920.老巴夺烟厂修建
1923.极乐寺修建
1926.文庙修建
1928.火车站修建
1937.大方里小区成立
1953.火车站用地规划为绿地
1980.规划为居住用地
1994-1997.拆迁

SWOT分析

1. 优势（Superiority）
（1）地块所处的区域集中了丰富的历史文化和景观资源，旅游产业蓬勃发展，是城市重点控制区。
（2）基地位于哈尔滨第二环路内，且紧邻哈尔滨内环路，地处交通要冲，区位条件良好。
（3）基地位于哈尔滨市两岗区、道里区、道外区三大行政区交接之处，承担衔接三大行政区的重要作用。
（4）交通便捷，场地由一曼街、极乐二道街、宽城街、大方里街围合而成，东大直街横穿场地，为基地内主要对外交通道路，同时也是城市主干道。

2. 劣势（Weakness）
（1）基础设施落后匮乏，建筑混乱且陈旧，生活环境较差。
（2）基地被城市快速路及铁路隔断，限制其与周边的联系发展，形成城市孤岛。
（3）基地内有高压线穿过，对基地用地造成一定影响。

3. 机会（Opportunity）
（1）"老巴夺"烟厂的搬迁，必将带来基地内的用地更改。
（2）随着时代的发展和进步，历史与现代相碰撞，推陈出新的城市改造是必然。

4. 威胁（Threat）
（1）城市改造可能会使传统与现代的要素失调。
（2）新引入的角色功能若与周边已有功能类似，可能会因竞争力不够而无法带来活力。

基地内部及周围交通

基地内部景观分析

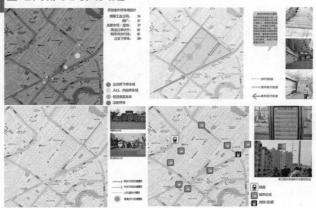

基地内部交通分析

商业街立面

东大直街北侧

东大直街南侧

 哈尔滨市南岗区分区规划（调整）
——总图（2005-2020）
1:10000
 哈尔滨道外区合理规划
WWW.lqg.gov.cn

纵观哈尔滨公园、广场旅游规划图，基地处于中心地带。却没有一个起到集中统领作用的区域，在这里打造旅游商业文化区满足上位规划中将城市作为一个整体的都市旅游来打造，建设国际旅游名城和东北亚旅游圈的服务集散中心的目标。起到连接纽带的作用。

另外从公共空间分布可以看出，基地周围500m范围内无市级公共空间。仅基地外东北侧有文化公园，且开发为商用，设施覆盖不全。因此亟需一定的公共空间。

哈尔滨市城市绿地系统规划修编2005.11

形象识别系统规划图   **公园、广场区规划图**   **南岗区上位规划图**   **道外区上位规划图**

南岗区、香坊区

文化商业旅游区形成后，与太阳岛风景区、中央大街防洪塔、道外老街、红博会展中心形成W型商业文化网络。形成了以中央大街、大直街为轴的两条城市文脉络，丰富了城市空间秩序。
发展目标
2015年末，旅游业将成战略支柱产业。全市旅游总收入突破960亿元，年均增长20%，相当于GDP比重15%以上。到"十二五"期末，努力将我市建成为集冰雪体验、避暑度假、商务会展、文化旅游、旅游集散功能为一体的国际旅游目的地和区域旅游集散中心，培育"世界冰雪名城、中国避暑名城、中西文化名城、北国山水名城、中国音乐名城"等五大城市名片。2015年末，国内旅游接待6641.2万人次，年均增速达10%；入境游客达42.5万人次，年均增长10%；旅游业成为战略性支柱产业。

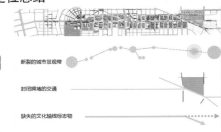

基地周边的旅游资源   **城市角度定位**   **场地定位总结**

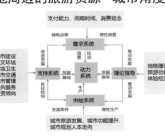

断裂的城市景观带

封闭拥堵的交通

缺失的文化轴线标志物

旅游功能系统   **旧城历史文化改造区型RBD更新的动力机制模型**   **基地内部存在的问题**

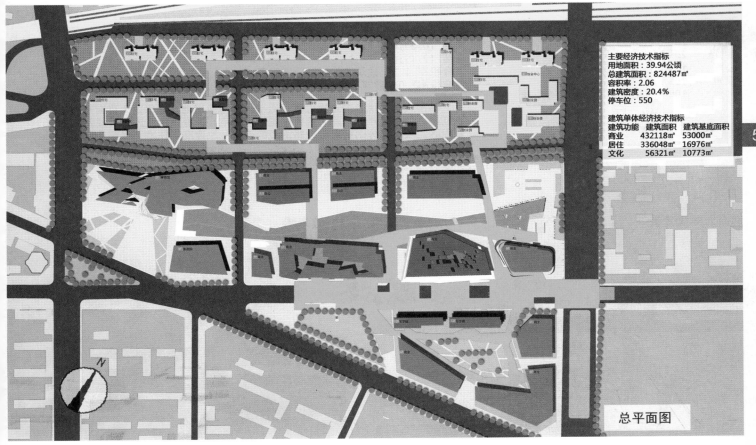

主要经济技术指标
用地面积：39.94公顷
总建筑面积：824487m²
容积率：2.06
建筑密度：20.4%
停车位：550

建筑单体经济技术指标

建筑功能	建筑面积	建筑基底面积
商业	432118m²	53000m²
居住	336048m²	16976m²
文化	56321m²	10773m²

51

总平面图

整体鸟瞰

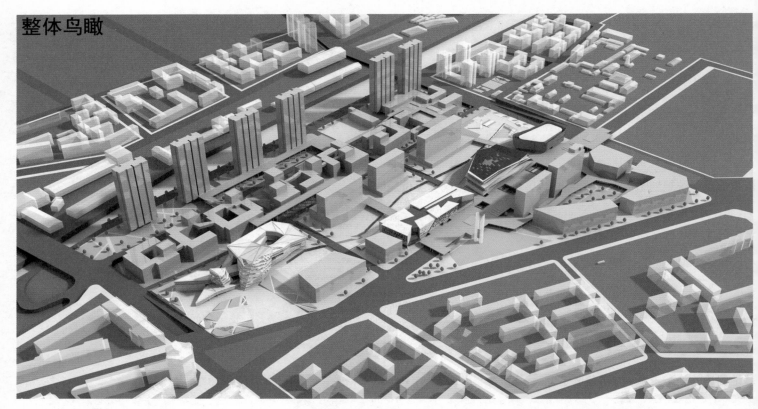

基地内功能分布

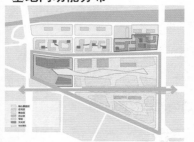

商业	25%
酒店	20%
餐饮	20%
公寓	10%
娱乐	15%
其他	10%（包括交通、旅行社等产业）

拆除与新建

拆除 28.3万㎡
新建 70.3万㎡
保留 12.1万㎡
原容积率 1.35 建筑密度21%
现容积率2.06 建筑密度24%

基于大直街优越的地理位置，适于作为商业用地，除保留大直街东南两栋高层办公建筑外，拆除大直街两侧街区住宅，改变结构肌理，形成新的商业街区。坎下部分则拆除沿铁路沿线的街区，改建高层住宅，保留东南侧的多层住宅做改造。

空间形态肌理

剖面天际线分析

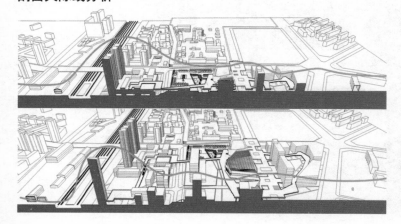

桥-效果图

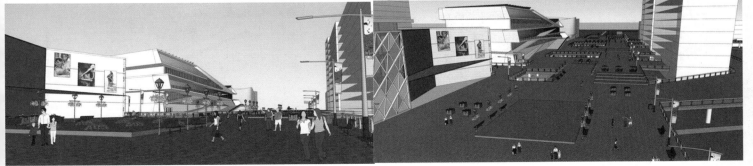

东大直街—曼街交口   极乐寺步行街

人行景观桥——景观节点

　　除了交通功能外，天桥本身作为景观元素对于基地乃至城市也起到了良好的作用。

人行景观桥——大直街街区地位延续

　　天桥联系了三片区域成为一个整体的旅游区，并具有一定的景观效果，使之作为大直街的端头，引领整个大直街，从而凸显大直街的龙头地位。

人行景观桥——联系

　　游乐园为东北三省规模最大的现代化露天游乐场，在全国12大游乐园中位居第5位。
　　极乐寺是东北三省的四大著名佛教寺院之一，它既是佛教徒参谒朝拜的北方佛教圣地，也是中外游人观赏浏览的名胜所在，已被列为全国重点开放寺庙和省级重点文物保护单位。
　　新加的人行天桥，联系了地段与极乐寺的步行街，并且直接连接了游乐园的门口。
　　故人行天桥连接了游乐园、极乐寺与旅游商业区，将三个地块联系成一个整体旅游区。

人行景观桥—— 一种商业模式的探讨

　　传统的商业模式，人们多沿街的一侧行走、购物，对于街对面的商铺，只能隔街相望，或者穿行马路。

　　人行景观天桥的加入，使人们可以穿行于商业建筑，便于营造商业氛围和环境。

实际案例——深圳海岸城商业广场

　　政府投资兴建的长约700m 高架步行街将南山商业文化中心核心区与海雅商圈连接在一起。
　　双步行街：一层为办公、休闲人士提供优越的就餐和休闲环境；二层步行高架桥贯穿海岸城与周边写字楼、商务广场、文化广场、五星级酒店以及海雅商圈，真正实现了人车分流。双步行街的创造性设计，贯通南北、联动东西，在便捷高效之余，使区域消费融会贯通。
　　双首层：强调商业的实效性，海岸城广场创造性地推出了"双首层"的消费聚集模式。海岸城不仅有传统的"基础首层"可以聚集繁华的商业人流，更增加了二层北面与高架步行街相连的"增值首层"，让南来北往的人群如织交汇。加强了人群停驻的层次，更将海岸城内外空间连成一片，实现了建筑与消费体验的完美交融。

桥-效果图

车行:
步骤1:东大直街人车分流
步骤2:基地内新增-7m标高道路连通城市道路,
并开通两条横向车行道路

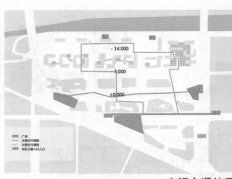

步行交通体系

木平台铺装　园路铺装　广场铺装　车行路铺装

城市家具

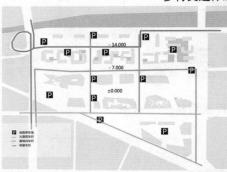

车行交通体系

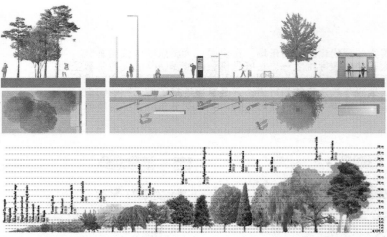

植被绿化

对此区域天际线进行统一设计,将区域高度分为了三个等级进行控制控制:
1)低层1-3层:以住宅服务用房和写字楼裙房为主;
2)多层4-6层:以商场和文化建筑为主;
3)高层8层或8层以上:以写字楼和高层住宅为主。

高度分析

两条景观轴　　组团绿地　　广场绿地

绿化分析

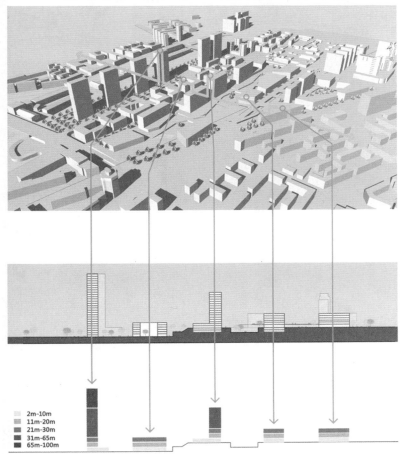

■	2m-10m
■	11m-20m
■	21m-30m
■	31m-65m
■	65m-100m

高度控制

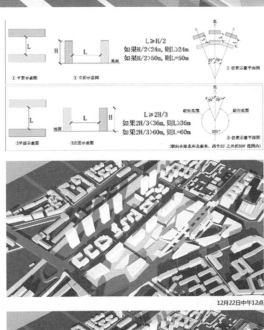

12月22日中午12点

12月22日下午14点

建筑高度的分布自东南至西北渐高，考虑到堡坎的影响，坎上写字楼后退，将裙房做在西北侧，以保证坎下住宅在冬至日的日照。

日照分析

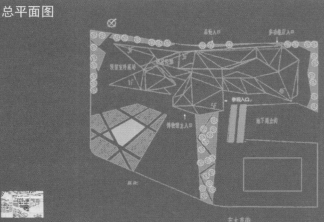

总平面图

哈尔滨现代艺术博物馆设计
The Museum of Modern Art in Harbin

设计者：陈静忠

设计说明

　　设计旨在探索结合哈尔滨特殊地域特色的博物馆城市综合体设计。设计从城市设计出发，结合哈尔滨独特的冰雪文化，塑造出了冰晶的形态，同时，在博物馆中加入了大量的艺术家和市民公共活动的功能空间，打造哈尔滨的城市文化综合体。

经济技术指标：
建筑面积：18712.5m²
基地面积：13777.4m²
占地面积：7187.6m²
容积率：1.36
绿化率：32.6%

冰晶形态研究

　　冰晶是雪花形成的必要介质。冰晶的形态简洁且变化丰富，通过折面的变化可形成丰富的空间感受。

±0.000平面图

12.500平面图

动态的美

空间丰富性研究

3.500平面图

16.500平面图

19.500平面图

生成过程

8.000平面图

-5.000平面图

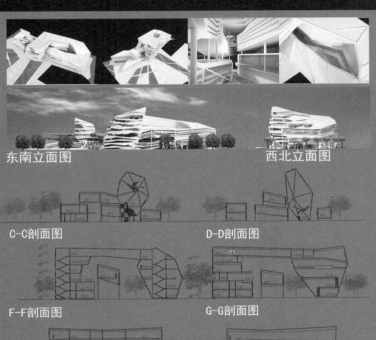

东南立面图　　　　　西北立面图

C-C剖面图　　　　　D-D剖面图

F-F剖面图　　　　　G-G剖面图

N-N剖面图　　　　　P-P剖面图

结构策略　　　　　节能策略

1. 绿色庭院
2. 内凹立面
3. 天窗

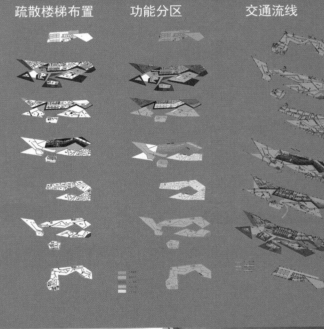

疏散楼梯布置　　　功能分区　　　交通流线

设计者:
罗 良
寒地地域文化与空间特色再创造——商业建筑设计

设计说明:

　　本设计是在以小组为单位对哈尔滨烟厂片区进行城市设计为基础,在其中一块地段中设计一个大型商场。方案重在处理与步行桥的关系,一层为完整的形体,构成与步行桥等高的平台,平台以上则化整为零,使得建筑内部形成一条内街型的中庭,桥上的行人可以很自由的穿行其中。折线型的中庭也是呼应整个城市设计中下沉商业街的曲折形态。整个商场为打造一种独特的购物空间而存在。

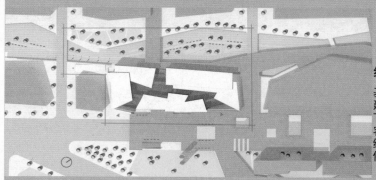

经济技术指标:

基地面积: 21253.7m²
建筑面积: 31393.6m²(其中地下面积6284.3m²)
容积率: 1.48
绿化率: 16%
停车位: 地上 46辆
　　　　地下 91辆

总平面图　　　　　　　　　　　　　　　　　　基地相对位置

方案生成

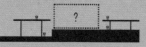

　　基地西北侧是下沉商业街,同时有三个方向被架起的步行桥所包围,建筑如果做的太孤立,在中间会成为一种阻碍两侧联系的障碍。

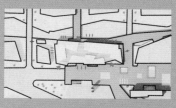

主入口
沿街店面入口
地下车库入口
货物入口
出入口分析

　　如果在场地里建一个完整的基座,使桥前后两侧的联系更加紧密,而且要建的是商业建筑,更多的人流将会有更好的商业价值。

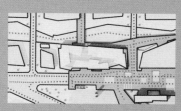

车流
人流
基地交通分析

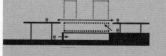

　　基座可以做大面积的超市;在基座以上化整为零,通过调整围合形成一条内街,形成有意思的空间,由于是寒地建筑,再用玻璃幕墙与屋顶将裸露的内街罩住;在基座以下在下沉商业街一侧做店铺,另一侧做车库。经过形体、图底关系推敲,选择了与整体城市设计相应的折线感,力求空间多变有意思。

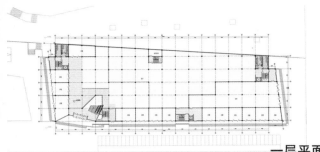

一层平面图

二层平面图

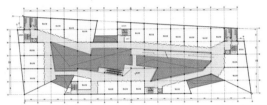

三~四层平面图

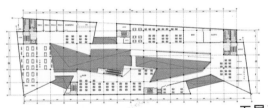

五层平面图

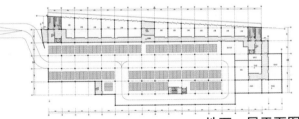

地下一层平面图

交通流线分析

垂直人行流线 ——
水平人行流线 ——
地下车库车行流线 ——

结构示意图

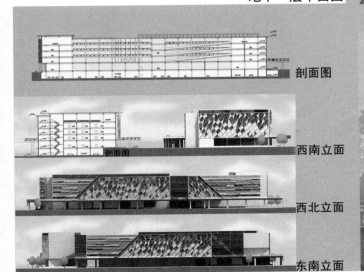

剖面图

剖面图

西南立面

西北立面

东南立面

折·步道

设计者:
解潇伊
基于激发商场活力下的商业建筑设计

商业可达性

与入口层相距层数

商业盈利价值

商业可达性

通过增加商场各层可达性来带动整个商场的商业活力

A B

SF

建筑内楼梯交通 建筑外入口的变化

增加各楼层可达性,一种方法是在建筑内部有畅通的交通组织,在满足防火疏散的前提下,会占用一定的商业面积;另一种方法是增加建筑入口,例如在建筑一层以及与桥相平的二层都设出入口,在高度与空间上变化,继而将这种思路发展下去。

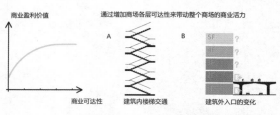

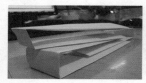 

一层同大直街标高
二层同景观桥标高

步行缓坡可由大直街穿行
至建筑四层

构思分析

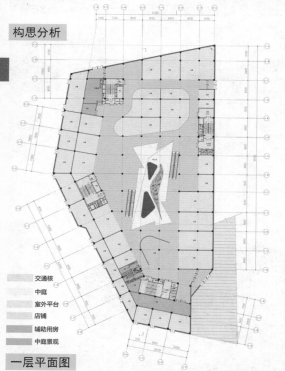

交通核
中庭
室外平台
店铺
辅助用房
中庭景观

一层平面图

办公 办公 办公

商业 商业

龙脊商业街 规划商业步行 周边业态 周边景观

地块处于道里区与南岗区交界处,处于大直街起点,具有很大的商业潜质。 规划中形成一条下沉商业广场街,构成这一区域的中心。 大直街左右两侧为商业建筑,下沉广场一层为办公建筑。 商场与景观桥相连,步行景观天桥串联了区域内的建筑。

体量生成

总平面图

透视图

鸟瞰图

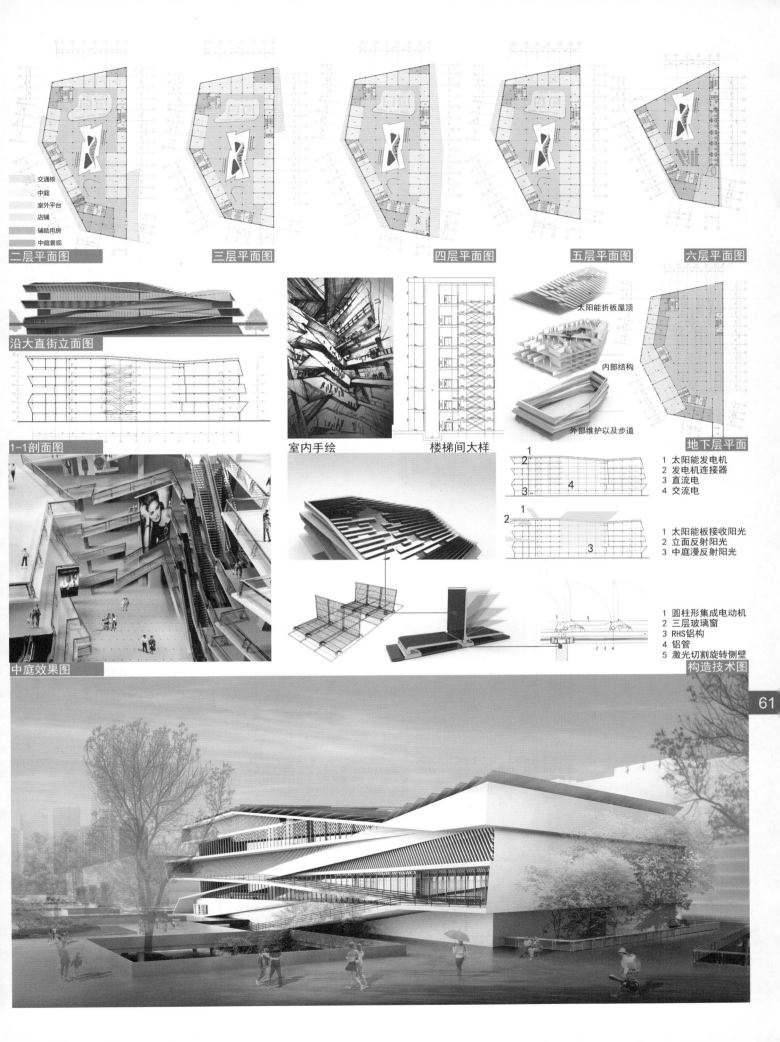

二层平面图　**三层平面图**　**四层平面图**　**五层平面图**　**六层平面图**

交通核
中庭
室外平台
店铺
辅助用房
中庭景观

沿大直街立面图

1-1剖面图

室内手绘　楼梯间大样

地下层平面

太阳能折板屋顶
内部结构
外部维护以及步道

1 太阳能发电机
2 发电机连接器
3 直流电
4 交流电

1 太阳能板接收阳光
2 立面反射阳光
3 中庭漫反射阳光

中庭效果图

1 圆柱形集成电动机
2 三层玻璃窗
3 RHS铝构
4 铝管
5 激光切割旋转侧壁

构造技术图

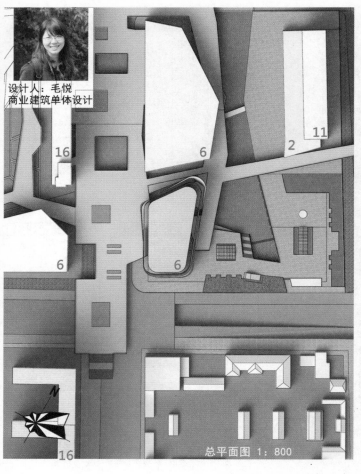

设计人：毛悦
商业建筑单体设计

16 6 2 11

6 6

16

总平面图 1：800

哈尔滨地下商业建筑现状分析——以红博广场地下商业为例

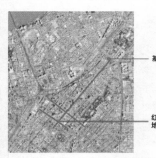

基地

红博广场
地下商业

在哈尔滨，冬季低温时间长，不利于居民户外活动。地下商业街以其冬暖夏凉的特点，为城市居民提供一个"全天候"的步行、休憩、购物、社交、聚会场所，解决了寒地城市人们冬季户外活动不方便的问题，同时有效地扩大了城市发展空间。加上哈尔滨地下已有的大量人防工程和地铁的建设，为发展地下商业建筑提供了良好的契机。

哈尔滨市是东北地区冬季漫长、严寒干燥、冬季漫长的典型寒地城市。我国在20世纪60年代，为了"备战备荒"的目的，在哈尔滨市修建了庞大的地下工程。1987年，哈尔滨市在果戈里大街地下建成了全国第一条地下商业街，实践验证效果良好。从此拉开了开发地下商业街的序幕。随后，国贸城、人和商城等地下商城相继建成。2000年后，又有国泉商城人和名品广场、时尚广场等相继建成营业，开辟了城市建设新领域。

大直街
基地范围
娱乐寺

62

员工入口 顾客入口 安全出口
顾客入口 安全出口

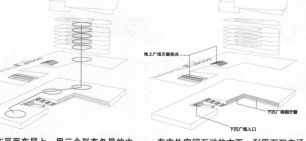

安全出口 货物入口
顾客入口

餐饮
餐饮
儿童乐园

地上广场天窗采光

下沉广场侧开窗
下沉广场入口

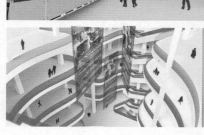

在功能上除了商店外，增加咖啡厅、儿童乐园等其他商业娱乐设施，丰富地下空间的功能构成。

在平面布局上，用三个形态各异的中庭将商场串联，提高空间的识别度，避免顾客迷路的现象发生。

在内外空间互动的方面，利用下沉广场布置商场入口、采光窗。并在中庭上空设天窗采光，以引入自然光，削弱地下空间的封闭感，并可以减少照明用电。

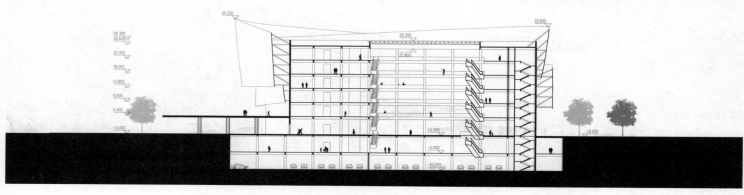

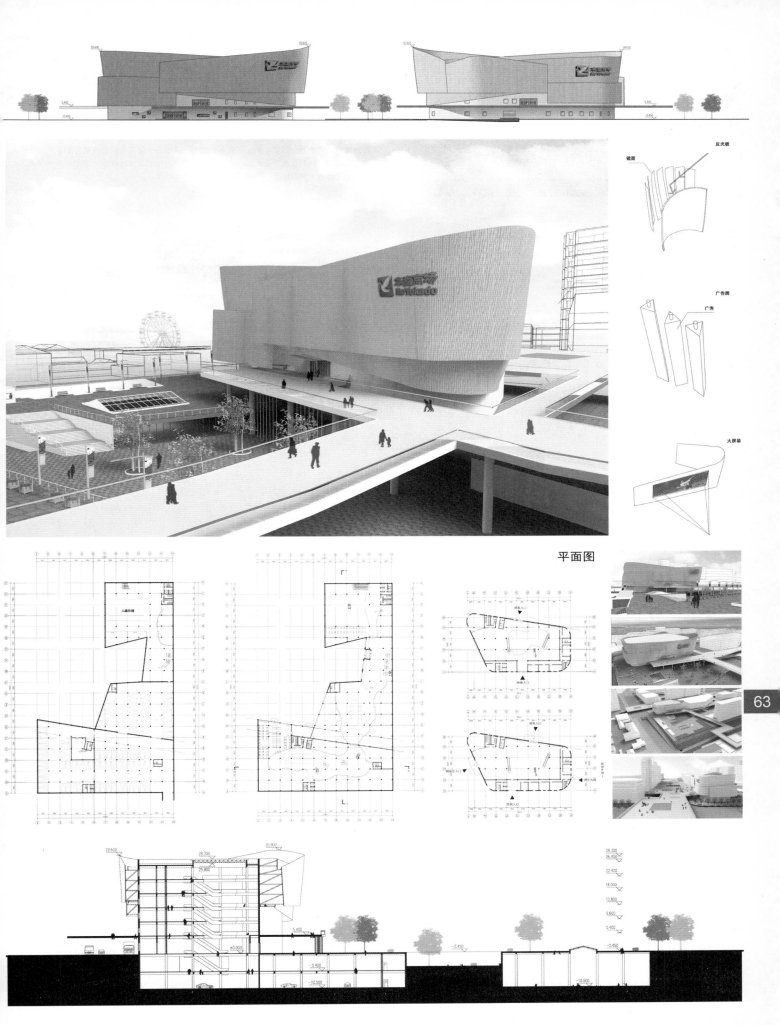

镜面
反光板

广告牌
广告

大屏幕

平面图

聚以生商

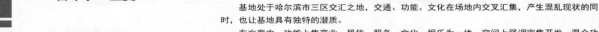

哈尔滨工业大学
HARBIN INSTITUTE OF TECHNOLOGY

设计者：
刘芳菲　谢林波
雷冰宇　孟夏

哈尔滨老城区城市空间改造与建筑设计
Space Reformation and Architectural Design for Old City Areas in Harbin

指导教师：周立军　徐洪鹏

基地处于哈尔滨市三区交汇之地，交通、功能、文化在场地内交叉汇集，产生混乱现状的同时，也让基地具有独特的潜质。

在方案中，功能上集商业、居住、服务、文化、娱乐为一体；空间上强调密集开发、混合功能、活力空间；文脉上注重工业遗址、商业传统、宗教文化，定位为服务化现代城市中心区。从而生成我们的概念：聚以生商——聚合、交汇、吸纳、共生。

基地分析

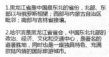

基地位置

1.黑龙江省是中国最东北的省份，北部、东部以与俄罗斯相望；西部与内蒙古自治区毗邻；南部与吉林省接壤。

2.哈尔滨是黑龙江省省会，中国东北北部的政治、经济、文化和交通中心，是著名的避暑胜地，同时也是一座独具特色、充满欧陆风情的国际旅游城市。

3.基地位于哈尔滨二环路内，且紧邻哈尔滨内环路的宽城街路段，地处交通要道。

4.基地位于哈尔滨市南岗区、道里区、道外区三大行政区交接之处，具有衔接三大行政区的重要作用。

城市轴线

地段位于南岗区、道外区交界处。
市内重要街道大直街尽头位于地段内部。
大直街：哈尔滨市内主要街道之一，堪称"龙骨"；
南岗区中心街道。
沿街具备丰富文化商业娱乐设施。

地段周边沿一曼街。
一曼街：以革命英雄赵一曼命名；
界红街：一曼街-南通大街贯穿道里区、南岗区、道外区，将市内三大主要城区联系起来。

土地使用

居住用地：绝大部分用地
商业金融用地：船舶电子大世界、泰山电子大世界、步行街、雷天集市、地下商业街
教育科研用地：中国电子科技集团公司第四十九研究所、1244中学、大方量学校、圣笛幼儿园、哈尔滨工程大学
工业用地：哈尔滨烟厂
文化娱乐用地：哈尔滨游乐园
文物古迹用地：极乐寺、菩照寺、"老巴夺"烟厂
交通：滨江车站

周边交通

基地周边由北宣桥街-南十四道街、一曼街、宽城街-滨江站街组成。
北宣桥街-南十四道街、一曼街、宽城街均为主要街道，车流较快，不便于人车停留。
北宣桥街、南通大街、宣化街、一曼街；4条主要街道交汇于基地一角，及军工电子商圈附近，造成此处交通压力较大，有待疏解。

概念与结构生成

Superiority优势

（1）文化积累深厚 人文要素丰富
地块所处的区域集中了丰富的历史文化和景观资源，是城市重点控制区。
（2）区位条件优越 便捷交通潜质
基地位于哈尔滨二环路内，且紧邻哈尔滨内环路，地处交通要道，基地位于哈尔滨市南岗区、道里区、道外区三大行政区交接之处，承担衔接三大行政区的重要作用。

Weakness劣势

（1）基础设施落后 场地内设施匮乏，建筑混乱陈旧，生活环境较差；
（2）交通联系受阻 基地被城市快速路及铁路隔断，限制其与周边的联系发展，形成城市孤岛；
（3）功能落后于城市发展 基地老住宅占用宝贵用地，使基地在城市中逐渐边缘化。

Opportunity机会

（1）旧城功能更新契机 "老巴夺"烟厂的搬迁，会带来基地的一轮产业调整和升级；
（2）城市高速发展的时代契机 随着时代的发展和进步，消费社会的新特征将带来新的城市空间特点。

Threat威胁

（1）活力提升问题 从文化、生活和商业等各个不同角度将基地与周边有机的联系再一个提升城市活力；
（2）文脉传承问题 保护工业遗产，传承城市文脉的演变，借助基地的文化底蕴引入相关产业。

宏观背景	微观条件	规划方案
外部需求	内部分析	目标定位
经济 产业转型 退二进三	过去 工业文脉传承	城市商业中心区
社会 中心城区 开放空间	现在 消费产业升级	文化休闲综合区
文化 多种文化 和谐共生	理念 汇聚城市元素	健康生活居住区

定位　商业 居住 服务 文化 游乐 ……… 服务化现代城市中心区

概念　聚以生商——聚合 交汇 吸纳 共生

聚合——三个层次

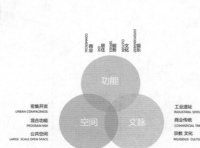

历史沿革

规划用地
秋林-红博商圈
极乐寺
白脑汇
工程大学

大直街 1902年	1920年 老巴夺烟厂	文庙 1926年	大方里 1937年	兴建住宅 1980年	场地由来

一曼街 1917年　极乐寺 1923年　火车站仓库 1928年　职工住宅 1940年　拆迁 1994-1997年

场地变迁 为此集合了这一个区域内的多种不同功能元素，与周边的特色商圈门、极乐寺、文庙等关系密切。

发展进程
1902.大直街规划
1917.一曼街规划
1920.老巴夺烟厂修建
1923.极乐寺修建
1926.文庙修建
1928.火车站修建
1937.火车站规划扩建修建
1953.火车站规划规划改建
1980.规划为居民住宅
1994-1997.拆迁

设计理念
GOALS

密集开发
URBAN COMPACINESS

混合功能
PROGRAM MIX

活力空间
LARGE SCALE OPEN SPACE

城市效益
BENEFITS

近人尺度 HUMAN SCALE
社交生活 SOCIAL LIFE
公共安全 PUBLIC SAFETY
公共健康 PUULIC HEALTH
交通到达 ACCESSIBILITY
交通改善 TRAFFICE IMPROVEMENT
公共娱乐 RECREATION
公共教育 EOUCATION
地区个性 EMPLOYMENT OPPORTUNITY
就业机会 LAND VALUE
地块价值 SELF SUSTAJNING

设计组成部分
PROJECTS

城市商业中心区
Central Business District

文化休闲综合区
Culture Leisure and Entertainment

健康生活居住区
Residential district

整合资源

发挥优势

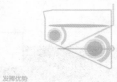
绿廊渗透

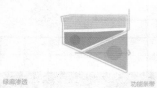
功能条带

周边娱系

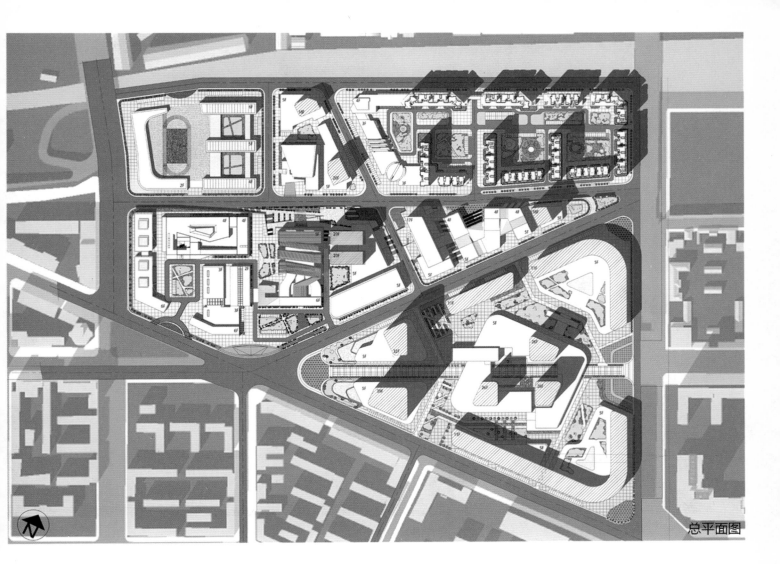

总平面图

经济技术指标

基地面积：39.94公顷

地上总建筑面积：约98.5万㎡　其中保留建筑面积：33030㎡　新建建筑面积：约95万㎡

商业及娱乐服务：26万㎡，占新建部分总面积的27.4%

酒店：12万㎡，占新建部分总面积的12.6%

商务办公：16万㎡，占新建部分总面积的16.8%

高端公寓：21万㎡，占新建部分总面积的22.1%

文化及配套建筑：75000㎡，占新建部分总面积的7.9%

企业科研及文化：80000㎡，占新建部分总面积的8.4%

教育建筑：45000㎡，占新建部分总面积的4.7%

建筑限高：不超过150m　　总容积率：2.52　　绿化率：大于30%

规划结构分析

规划空间结构　　　城市功能结构　　　规划交通系统——车行 动态交通　　　规划交通系统——地面 静态交通

规划交通系统——车行 静态交通　　　规划交通系统——人行　　　规划绿化体系　　　规划公共空间

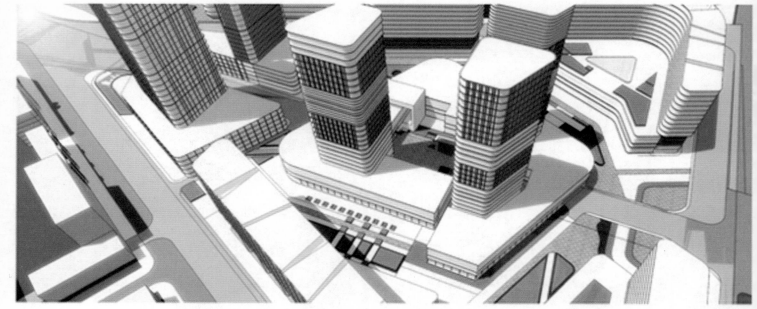

局部鸟瞰

主要节点透视

主要节点透视

沿街立面

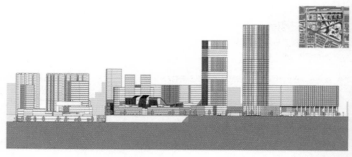

沿街立面

主要道路界面

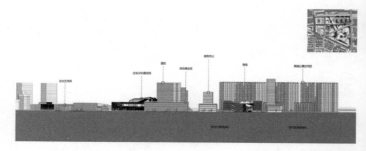

主要道路界面

城市天际线

鸟瞰图

沿街立面

主要节点透视

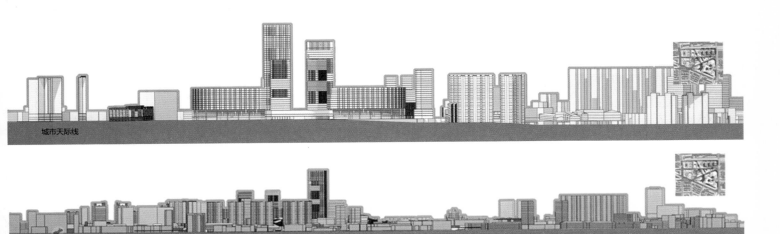

城市天际线

城市天际线

吸纳·表演艺术中心设计

主入口鸟瞰图

选地 — 文化艺术区

选题 — 演艺文化

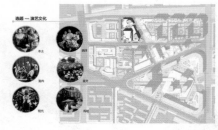

● 空间概念 — 吸纳

1. 延续　　　2. 吸纳

将景观带延续到建筑，延伸轴线　　将公共空间插入建筑，形成多维度

3. 消化　　　4. 扩散

将人流、功能扩散分配，创造开放性　　将建筑内的活动传达给城市，感染周遭

● 体量生成过程分析

1. 形成两个公共平面　　2. 联系外部公共空间

3. 形成入口广场　　4. 竖向结构及交通

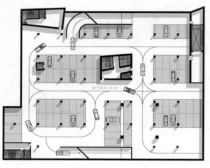

● 地下三层平面图 1:200

从高层酒店看演艺中心

总平面图 1:500

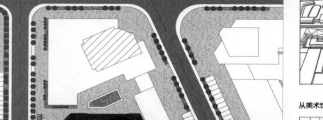

从美术馆看演艺中心

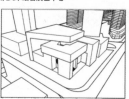

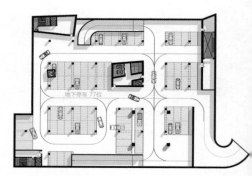

● 地下二层平面图 1:300

从景观轴看演艺中心

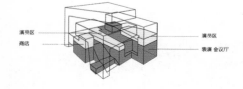

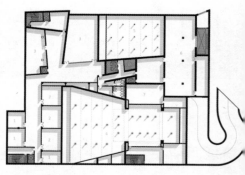

● 地下一层平面图 1:200

吸纳·表演艺术中心设计

1 休息大厅
2 购票咨询
3 衣帽暂存
4 大剧场
5 小剧场
6 升降舞台
7 车台
8 候场
9 储藏室
10 卡车车库

一层平面图

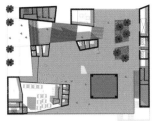

五层平面图

竖向结构分布

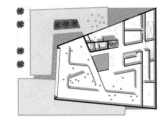

八层平面图

二层平面图

六层平面图

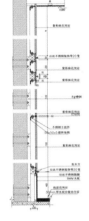

千挂石材节点详图

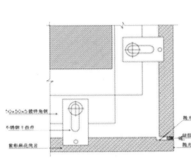

阳角干挂石材详图

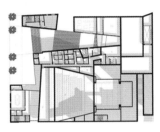

四层平面图

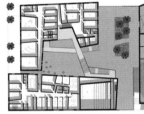

七层平面图

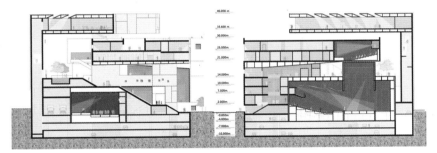

2-2剖面图 1:300

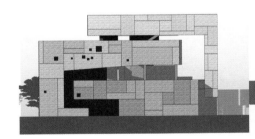

东立面图 1:300

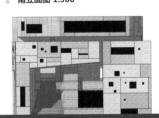

南立面图 1:300

手绘效果图

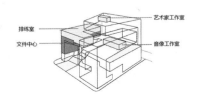

排练室
文件中心
艺术家工作室
音像工作室

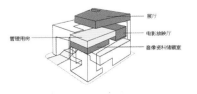

展厅
电影放映厅
管理用房
音像资料储藏室

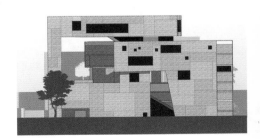

西立面图 1:300

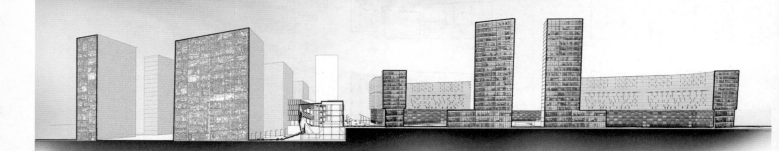

	停车场
	主仓库
	厨房
	餐饮区
	超市
	商业店铺
	办公区

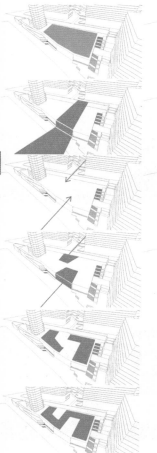

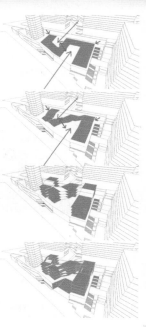

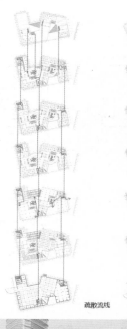

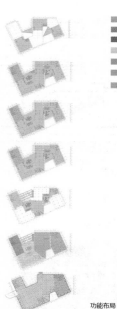

防火分区　　　疏散流线　　　功能布局

在矛盾汇集之处，让建筑空间
根据其内部功能和外部场地特征做
出相应的回应。加强内与外、上与
下之间的联系。

概念与形体生成

交汇 建筑城市一体化商业空间设计

作者：雷冰宇

地下二层平面图

地下一层平面图

南立面图

北立面图

一层平面图

二层平面图

东立面图

西立面图

三层平面图

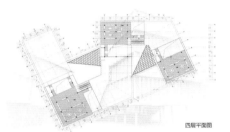

四层平面图

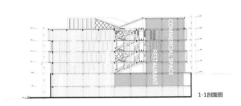

1-1剖面图

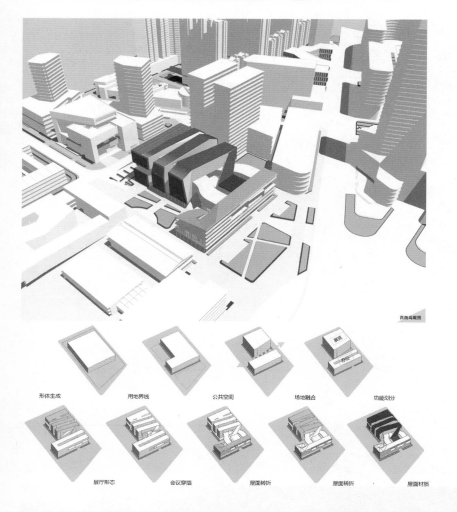

西南鸟瞰图

形体生成　　用地界线　　公共空间　　场地融合　　功能划分

展厅形态　　会议穿插　　屋面转折　　屋面转折　　屋面材质

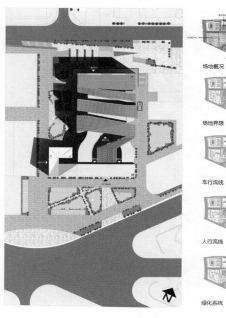

场地概况

场地界限

车行流线

人行流线

绿化系统

总平面图

经济技术指标

基地面积：22000㎡　　　建筑面积：25700㎡

地下面积：15220㎡　　　容积率：1.17

建筑密度：0.345　　　　绿化率：31%

地上停车位：35　　　　地下停车位：111

玻璃幕墙水平节点

玻璃幕墙垂直节点

玻璃幕墙防火节点

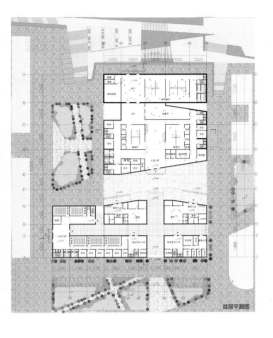

首层平面图

东立面图

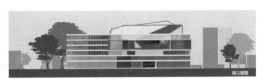

南立面图

西立面图

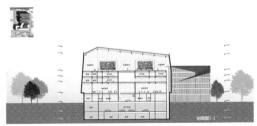

剖面图1-1

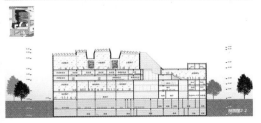

剖面图2-2

地下二层平面图
本层建筑面积：7610

地下一层平面图
本层建筑面积：7610

二层平面图
本层建筑面积：5720

三层平面图
本层建筑面积：5026

四层平面图
本层建筑面积：3030

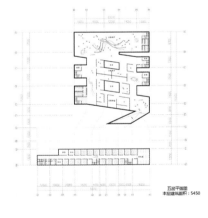

五层平面图
本层建筑面积：5450

夹层平面图
本层建筑面积：2455

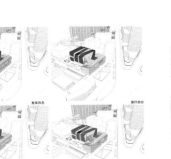

整体形态　　展厅部分

办公部分　　会议部分

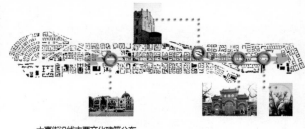

哈尔滨市文化建筑分布
由南岗区、道里区向道外区方向文化建筑分布递减，文化氛围随之减弱。

大直街沿线主要文化建筑分布
沿哈尔滨龙脊——大直街方向遍布主要文化建筑，形成连续文化序列，联系老巴寺烟厂、极乐寺和文化公园，为其尽端位置处形成文化区提供可能。

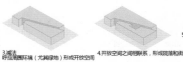

1.场地完型　2.主体建筑限高在4层、20m　3.减去
呼应周围环境（尤其绿地）形成开放空间　4.开放空间之间相联系，形成院落和街　5.几何形态的街巷院
结合记忆形态的街巷院　6.体块整合　7.功能及交通设计　8.立面细化处理

生成分析

一层平面图

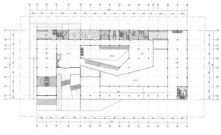

二层平面图

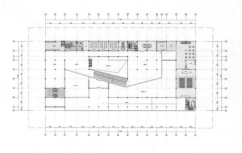

三层平面图

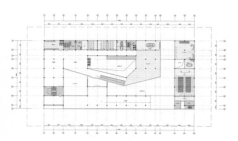

四层平面图

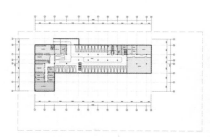

负一层平面图

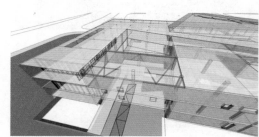

74

城市设计和单体部分的设计为烟厂区域的哈尔滨文化艺术区设计和美术馆设计。此次设计紧合城市规划"聚以生商"的设计理念，以"共生"为主题，旨在与区域环境共生，与老烟厂的历史文化共生，更与哈尔滨城市文化氛围共生。设计保留原烟厂大部分旧厂房和办公楼，充分结合原有结构进行功能空间改造，利用大空间优势营造独特的文化艺术区氛围。

美术馆位于文化区后部，设计中尊重周围环境，尤其是绿地和公共活动空间，外观规整，内部模拟老城市的"街""巷""院"形成丰富的内外空间和观赏流线。满足美术馆功能的同时，成为一个与周围深度互动的公共场所，增添场地活力，为多种市民活动提供可能。

作者：孟夏

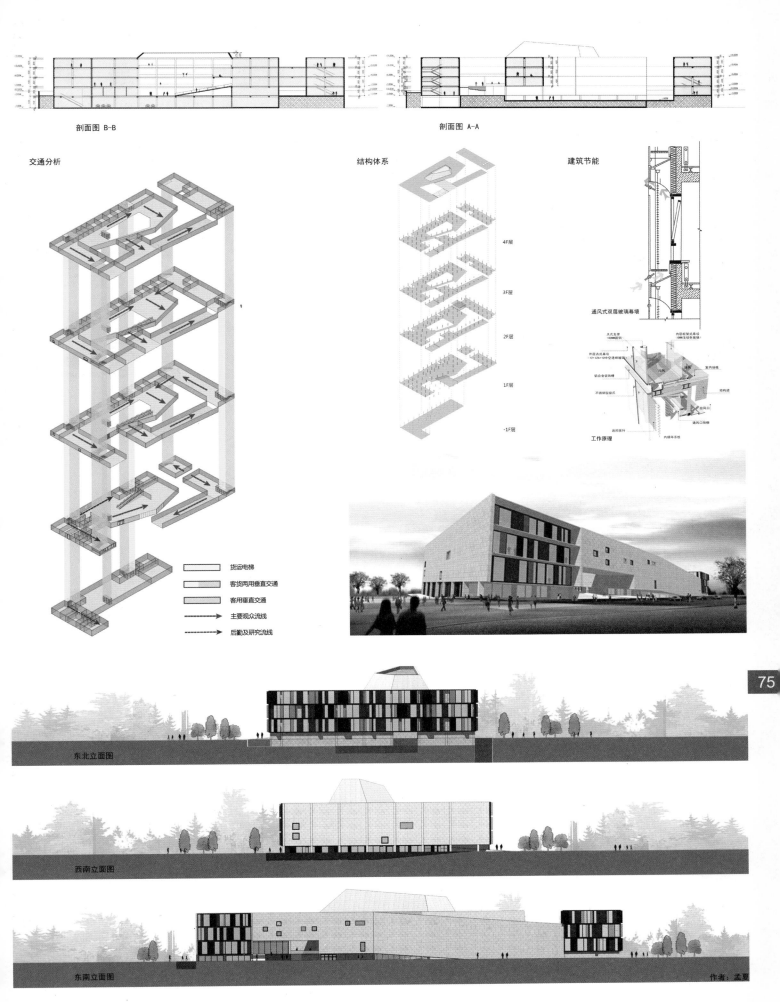

剖面图 B-B   剖面图 A-A

交通分析   结构体系   建筑节能

4F层
3F层
2F层
1F层
-1F层

通风式双层玻璃幕墙

工作原理

货运电梯
客货两用垂直交通
客用垂直交通
主要观众流线
后勤及研究流线

75

东北立面图

西南立面图

东南立面图   作者：孟夏

交错

哈尔滨工业大学
HARBIN INSTITUTE OF TECHNOLOGY

设计者：
马源鸿　潘文特
吴方晓　王诗朗

哈尔滨老城区城市空间改造与建筑设计
Space Reformation and Architectural Design for Old City Areas in Harbin

指导教师：周立军　徐洪澎

　　城市与建筑是不可分割的，作为城市发展过程中被我们所遗忘的中间带区域，激活与重塑是不可避免的。设计中我们抽取了北方建筑的诸多特征，从空间连续、时空演变和城市发展出发，最终提取"交错"作为概念。我们的交错是多维的——堡坎上下的立体联通、建筑的连廊、形体的塑造都是考虑的重点。我们希望我们的设计可以作为一个方法论推广到其他城市中间。

哈尔滨大直街

大直街标志建筑

基地与大直街

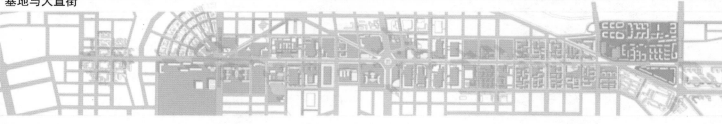

空间概念生成

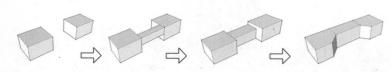
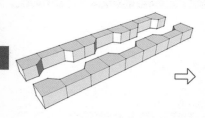
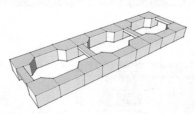
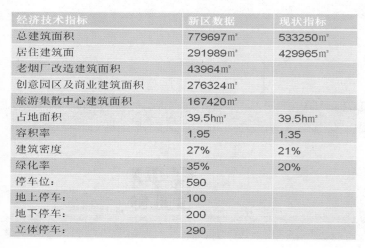

76

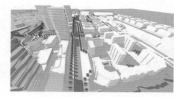

经济技术指标	新区数据	现状指标
总建筑面积	779697m²	533250m²
居住建筑面	291989m²	429965m²
老烟厂改造建筑面积	43964m²	
创意园区及商业建筑面积	276324m²	
旅游集散中心建筑面积	167420m²	
占地面积	39.5hm²	39.5hm²
容积率	1.95	1.35
建筑密度	27%	21%
绿化率	35%	20%
停车位：	590	
地上停车：	100	
地下停车：	200	
立体停车：	290	

哈尔滨的城市空间组成模式主要是里坊制，无论是自由生长还是规划的城市区域，都以道路划分地块形成邻里单位，这样一种空间形态主要是受哈尔滨寒地气候的影响，以及北方居住条件要求的限制，在延续寒地地域文化和空间的创造上，需要对里坊制的单元模式进行创新。

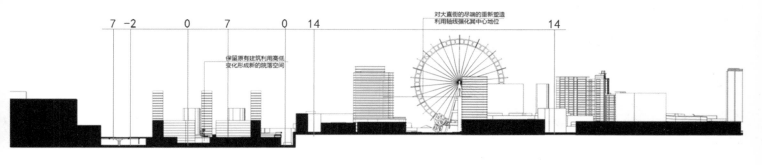

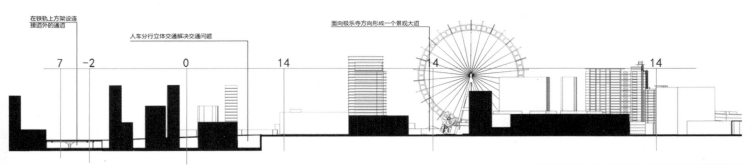

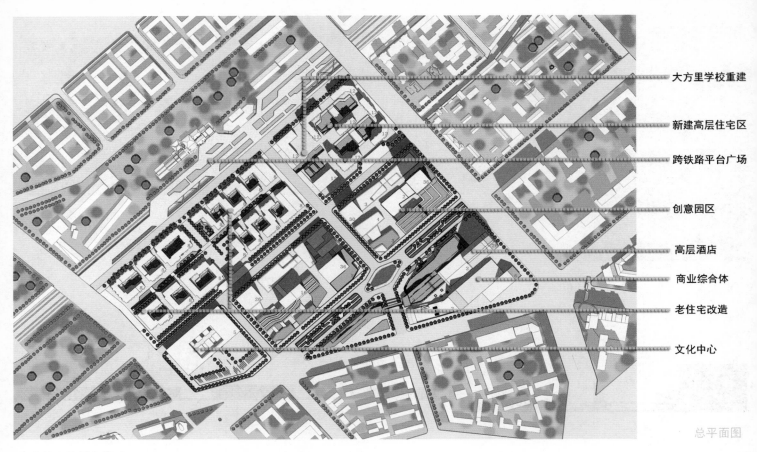

大方里学校重建

新建高层住宅区

跨铁路平台广场

创意园区

高层酒店

商业综合体

老住宅改造

文化中心

总平面图

商业综合体概念生成

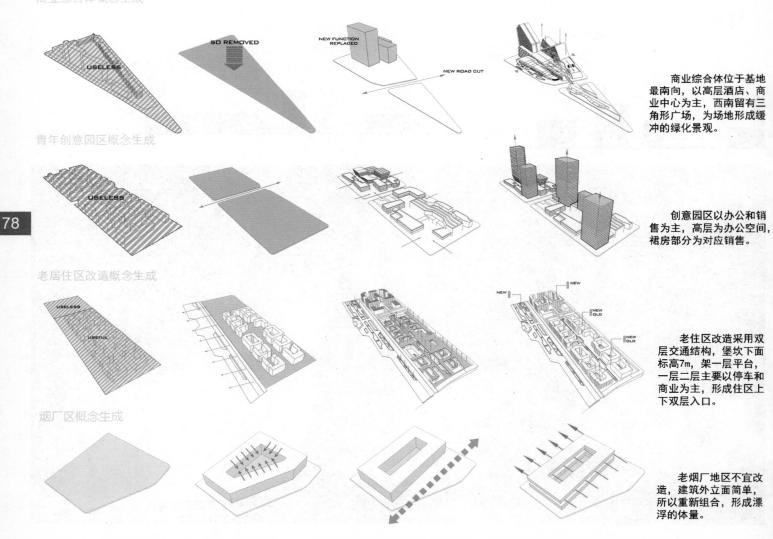

商业综合体位于基地最南向，以高层酒店、商业中心为主，西南留有三角形广场，为场地形成缓冲的绿化景观。

青年创意园区概念生成

创意园区以办公和销售为主，高层为办公空间，裙房部分为对应销售。

老居住区改造概念生成

老住区改造采用双层交通结构，堡坎下面标高7m，架一层平台，一层二层主要以停车和商业为主，形成住区上下双层入口。

烟厂区概念生成

老烟厂地区不宜改造，建筑外立面简单，所以重新组合，形成漂浮的体量。

功能定位

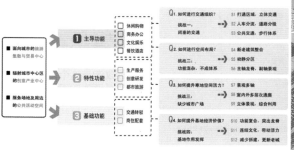

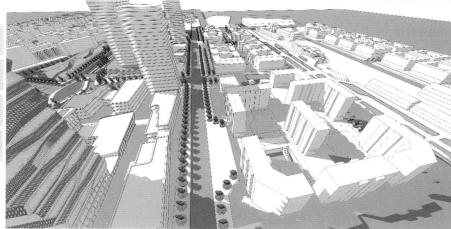

交通分析

三级道路

步行道路

一级道路

人车分流，道路分级

景观步行道

公共交通体系

公共交通，步行体系

连接文化带动活力

连接体

霓虹桥

大直街

大直街

大直街

工程大街

79

新老建筑整合   动静分区

living

working

shopping

老道外照片

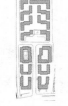

老住区 —— 叠络空间，立体院落

老道外的院落空间秩序　　老社区的空间秩序　　新建社区的空间秩序

　　对于空间的设计一直是建筑设计的重中之重，如何合理地将原有死板的居住空间进行改造是这个区域难点。我们从老道外的内廊式院落中得到启发，将这种院落与原有的住宅区进行结合，形成最终的方案。

竖向结构分析

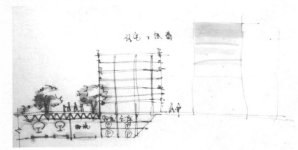

城市层面：解决南岗道外区域不连通的现状，将片区变成"桥梁"连通城市结构。

基地层面：基地内部由于高差产生了区域交通不通达的弊端，内部多层次交通，契合立体交通模式，人车分流，以开放性、互通性、适宜性为交通特点，满足旅游、就业、居住等往来人群的需求。

建筑层面：寒地冬季冰冷，连廊做"桥"实现建筑与建筑之间的立体交通。

居住区鸟瞰

居住区透视

业态分布

居住区鸟瞰

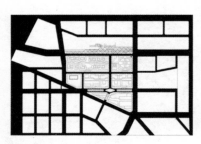

图底关系

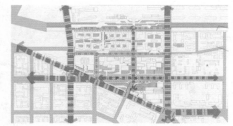

道路分级

红线退让

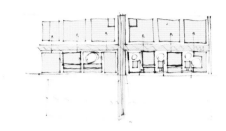

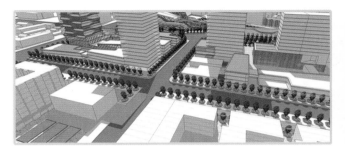

　　我们希望将地段北向的铁路跨过，将道外的中华巴洛克区与基地相连。这与我们最初的概念相吻合。这种设计方法是可以推广的。在哈尔滨这座城市中，有很多的铁路线在城市中贯穿，这些铁路线将城市分割，运用这种设计方法，我们可以很容易地解决这类的问题。这种方法在西方国家已经得到很广泛的应用，相关的技术也十分成熟。

81

交错--寒地区域商业建筑设计
寒地特色空间再创造--商店设计
设计者：马源鸿

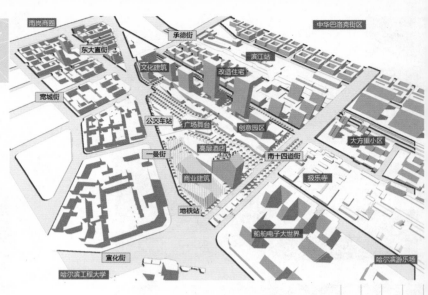

可达性高，临城市主干道，临近城市设计中心景观轴。

隐形商业客源，公共交通带来人流，贯穿场地人流走向。

场地西向三角形绿化广场，吸引不同年龄职业人群在广场周边驻留活动。

周边城市结构清晰业态丰富，大学、宗教文化、居住区等。为沿街商铺带来活力，互相影响。

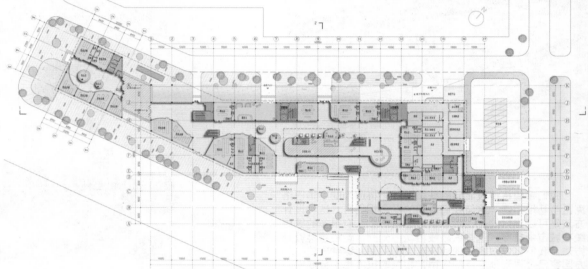

一层平面图

设计说明

　　设计尊重我们城市设计所选取的概念"交错"，通过分析将商店选址在场地最南面的三角区域。希望通过公共交通和景观公园来引导和创造商店的流线，增加区域的活力。周边居民众多，交通条件一流，将购物中心定位为都市时尚型购物中心，消费人群以20~45岁为主，偏重现代家庭型时尚消费化。

形体生成分析

退让　城市主干路一曼街毗邻，巨大体块会对街道造成压抑感，体型的变化和后退处理以缩小建筑的尺度感和压抑感。

尊重　南向减少建筑对于一曼街的压力，东向减少对极乐寺广场的冲撞，倾斜后退尊重城市道路和保护建筑。

贯通　对于商业建筑可达性的保证，东向退让出一个非机动车停车场，满足地铁需求，建筑内形成贯通流线，自东向西，增加可达性和驻留时间。

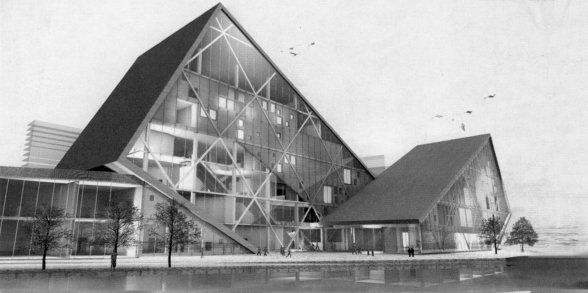

一曼街角度鸟瞰图

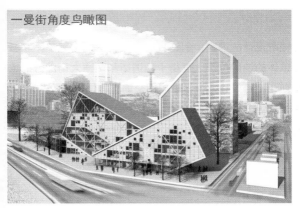

经济技术指标

基地面积	15300㎡
占地面积	6970㎡
建筑面积	32739㎡
容积率	1.67
绿化率	35%

停车类型及数量统计

机动车总停车位	82个
地下总停车位	49个
地下无障碍停车位	2个
地上总停车位	33个
地上货车停车位	1个
地上无障碍停车位	2个
地上临时停车位	14个
地上自行车以及摩托车停车位	68个

六层平面图

七层平面图

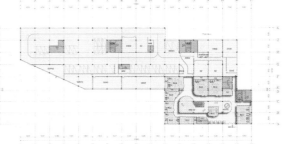

地下一层平面图

四层平面图

五层平面图

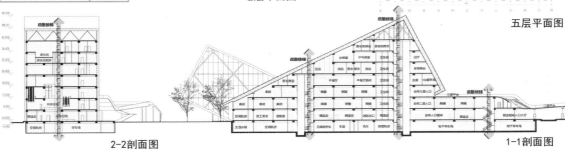

2-2剖面图　　　　　　　　　　　　　　　1-1剖面图

1. 内幕墙
2. 外幕墙
3. 热通道
4. 进风口
5. 排风口
6. 进风口
7. 排风口

双层幕墙通风示意图

双层表皮影像分析

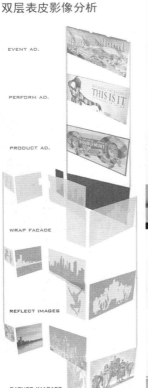

EVENT AD.

PERFORM AD.

PRODUCT AD.

WRAP FACADE

REFLECT IMAGES

GATHER IMAGAES

立面概念生成

　　建筑位于街道转角，与城市形态紧密相关，建筑采用双层表皮，内表皮为单元分割式洞窗，木质材质，内表面涂有防火漆；外表皮采用玻璃幕墙，犹如一面镜子，并且受外界影像，反射场地周边建筑。

南立面图

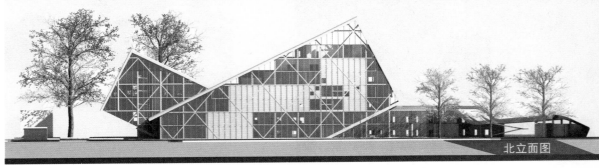

北立面图

基地场地分析图

区位分析

建筑红线

车行交通分析

人行交通分析

区域鸟瞰图

景观分析

建筑周围的景观来自于城市设计的内容，这对之后的建筑单体设计产生了很大的影响。大直街是哈尔滨的重要街道，建筑的主要入口选择了这条街道。

周边实景照片

建筑效果图

设计说明

本设计延续城市设计的内容，创造具有寒地特色的建筑单体和城市空间。本建筑单体的地段位于大直街十四道街和南通大街围合的地段。通过城市规划和城市设计，该区域周围交通十分便捷，公共交通体系也十分便利。该地段占地面积6公顷，我们将这个地段一分为二，南向为商业中心，北向为商业酒店，该设计选择的地段是北向的商业酒店，南向的商业中心由其他同学负责。

概念生成

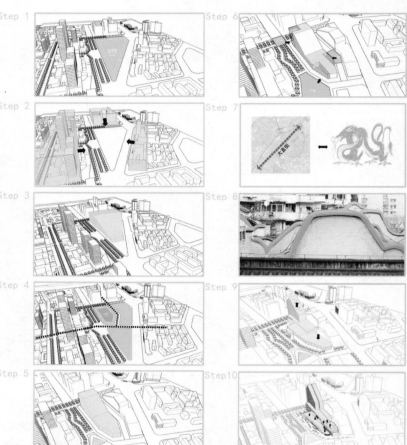

Step 1　Step 2　Step 3　Step 4　Step 5　Step 6　Step 7　Step 8　Step 9　Step 10

总平面图

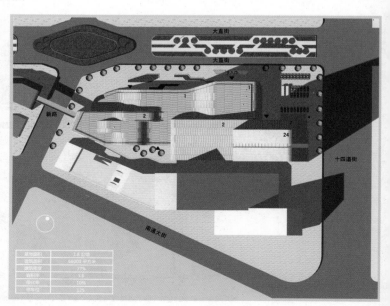

功能分区

公共空间
静空间
动空间

内街透视

入口透视

场地透视

大直街平公共空间　　大直街公共空间　　建设用地

典型空间分析

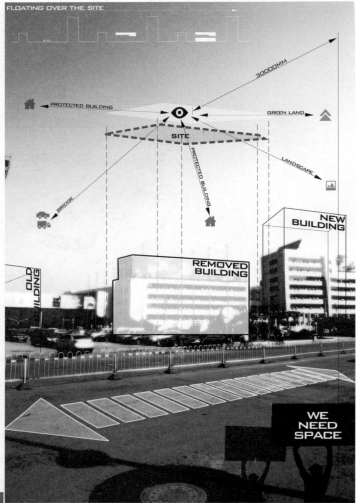

FLOATING OVER THE SITE

30000MM

PROTECTED BUILDING

GREEN LAND

SITE

LANDSCAPE

BRIDGE

PROTECTED BUILDING

NEW BUILDING

OLD BUILDING

REMOVED BUILDING

WE NEED SPACE

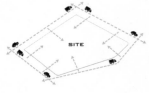

SITE

SITE

SITE

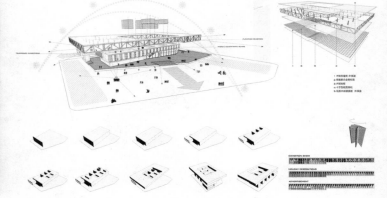

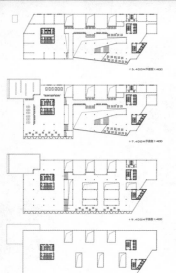

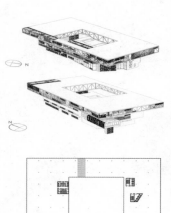

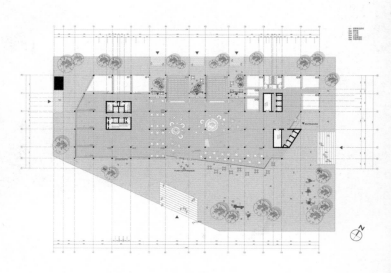

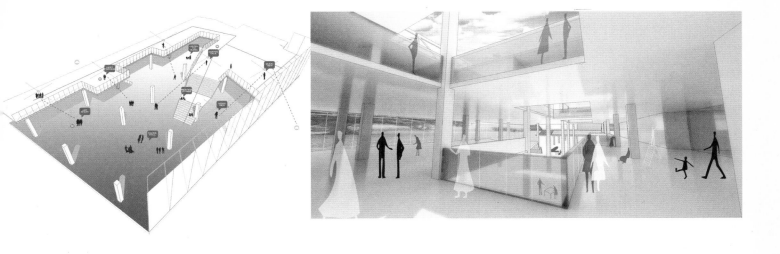

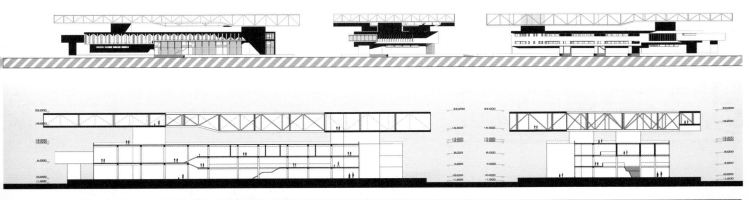

高层办公建筑设计

寒地特色空间再创造—创意园区办公设计
设计者：吴方晓

建筑形态设计立意

作为创业园区内高层办公建筑，意图纳入综合完善的各项设施，成为创业园区内部的统筹服务核心。在形态设计上，着重把握青年创业者青春活力、积极向上、充满朝气的精神特征。同时意图体现创业过程中相互交流、协同合作的精神。

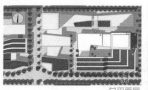

总平面图　　　　基地内部建筑关系

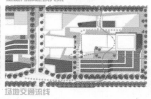

屋顶绿化带的围廊呼应关系　　　场地交通流线

哈尔滨市南岗区大直街位于城市中心，是城区政治、商业、文化教育中心。大直街是城市形成发展的缩影，被喻为"龙脊"。基地恰位于大直街端部，怎样处理建筑与道路端部的关系成为重要设计点。

CULTURE

ECONOMY

TRAFFIC

EXPLOITATION

地下一层车库平面　　　地下二层车库平面

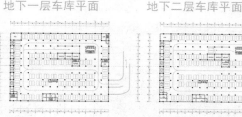

一层平面图

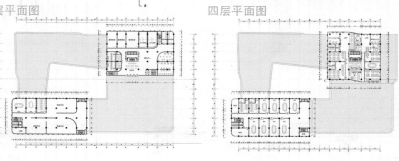

二层平面图

三层平面图

四层平面图

建筑体量生成

裙房部分交通流线

办公空间
共享空间
交通核
辅助空间

会议报告空间
实验室
网络信息中心

高层办公部分功能分区

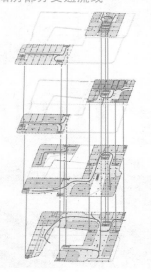

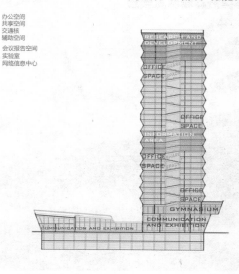

5.8.11.18.21.24层平面图

6.9.12.19.22.25层平面图

7.10.13.20.23.26层平面图

14.27层平面图

15.16.28.29层平面图

17.30层平面图

顶层平面图

流动办公空间生成逻辑

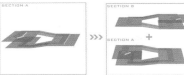

交流学习空间生成逻辑

高层办公空间构成分析

高层办公流动空间扩展

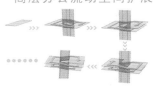

办公空间探索

传统办公空间： 在空间上，楼板将本相关联的办公空间隔断，无法促进工作人员间信息交流和沟通，无法对创业发展起到促进作用。

方案办公空间： 通过错层的设计，用坡道等手法链接，使办公空间连续起来，同时形成丰富有趣的共享空间，促进信息交流，连贯的空间，给创业者提供更多交流机会，促进发展。

建筑技术与建筑节能

封闭式内通风幕墙

由于进风口是针对室内空气，夹层空间内的空气温度与室内基本相同，有利于节省取暖制冷消耗，相比单层玻璃幕墙采暖节能40%~60%。其次，其隔声效果十分显著。

垂直遮阳板

能有效地遮挡太阳高度角较小时、不同方位斜射来的阳光。一般情况下，对于窗口上方射下来的阳光，或对于窗口正射的阳光，不起遮挡作用。垂直遮阳板可以垂直于墙面，也可以与墙面形成一定夹角。适用于东北向、西北向附近的窗口。

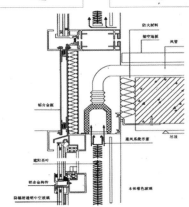

带檐沟种植屋面

共享空间局部透视

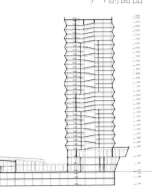

种植屋面做法

种植屋面各构造层次作用

1-1剖面图

行空

哈尔滨工业大学
HARBIN INSTITUTE OF TECHNOLOGY

设计者：
魏巍　王涤尘
付美琪　史佳鑫

哈尔滨老城区城市空间改造与建筑设计
Space Reformation and Architectural Design for Old City Areas in Harbin

指导教师：徐洪澎　周立军

在这个被文化气息包围的场地，本应有更好的机会进行城市更新。然而交通系统与功能定位的矛盾严重制约着整个基地，城市孤岛从此形成。我们最原始的概念就是以地段周边及内部恶劣的交通现状作为切入点，使基地可以更好地联系城市。于是，"复道行空，不霁何虹"的想法由此产生。

区位分析

Strengths
南岗、道里、道外三区均有大型商圈。地块本可受到三个大商圈的辐射，却因交通原因，商业、经济少有起色。若能打破隔离，与其他三个商圈重建联系，可为激活这一地段提供可能。

Weakeness
西南与东北两侧均被城市立交桥切断，与道里、道外两区无法形成良好沟通。西北方向的铁路线和滨江站，更是完全切断了地块与道外区的联系。仅有临一曼街一侧尚有通行余地，且交通时常阻塞。

Oppotunity
此地块位于大直街沿线，大直街轴线影响对其十分重要。基地可借助大直街在经济、文化、交通上的重要影响，促进地块自身的发展建设。

Threats
堡坎的存在形成了高达14m的高差，使场地与道里、道外区处于隔离状态。而周边为了沟通南岗与道外区的快速路立交桥更加强了这种隔离。因此，对地势的处理态度决定着整个设计。

基地可发展项目：
高密度的商业、办公、旅游、文化娱乐等公共设施

定位：哈尔滨文化商业中心区

东大直街各类功能分布

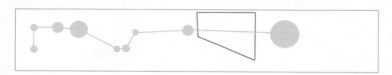

历史遗产

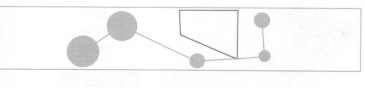

居住生活

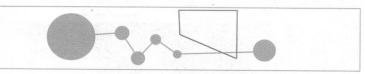

商业分布

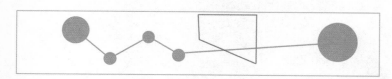

文化娱乐

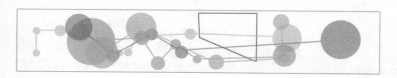

综合影响

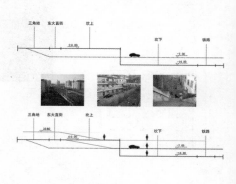

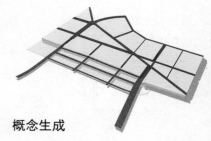

概念生成

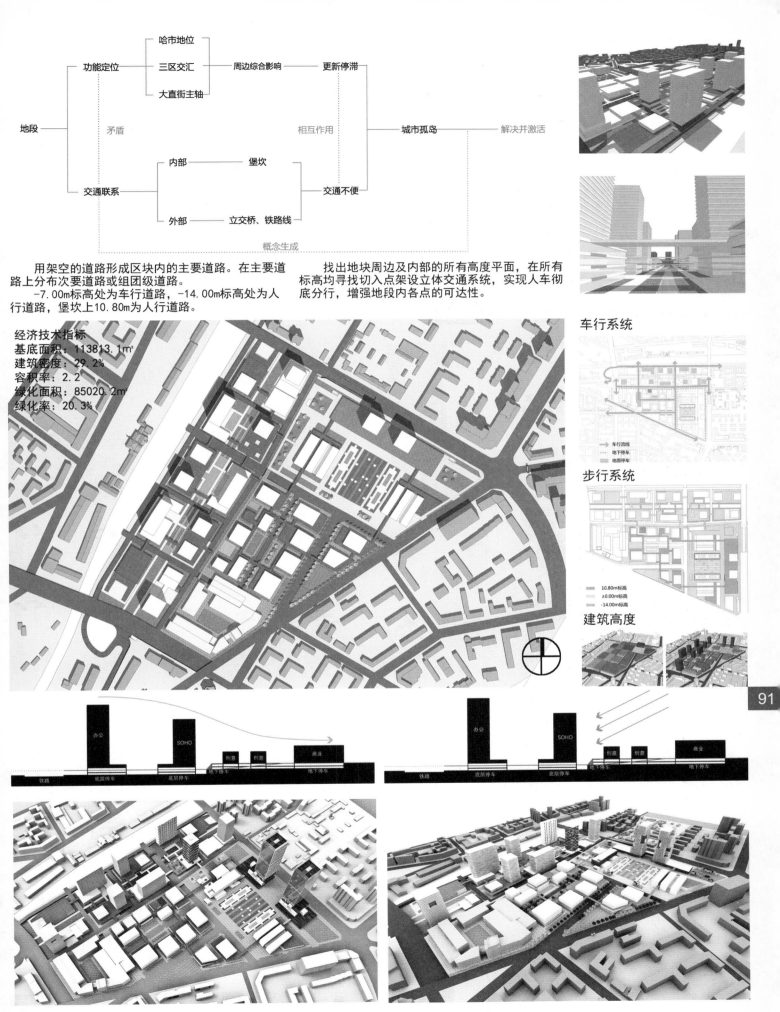

用架空的道路形成区块内的主要道路。在主要道路上分布次要道路或组团级道路。

-7.00m标高处为车行道路，-14.00m标高处为人行道路，堡坎上10.80m为人行道路。

找出地块周边及内部的所有高度平面，在所有标高均寻找切入点架设立体交通系统，实现人车彻底分行，增强地段内各点的可达性。

经济技术指标
基底面积：113813.1m²
建筑密度：29.2%
容积率：2.2
绿化面积：85020.2m²
绿化率：20.3%

车行系统

步行系统

建筑高度

空中宅院

基地概况
　　选取基地位于城市设计地块北部，堡坎下侧，规划为住宅区。基地西南侧为办公区，南侧为商业区与创意园区，东南侧为文化广场。

设计定位
　　建筑单体拟定位为酒店式公寓。其服务对象为希望在市中心生活的中高收入群体。他们既要求充满家庭氛围的居室布局，又要求有传统酒店的硬件配置和服务。基地附近办公区的白领、商铺的店主以及企业的外籍员工构成主要客户群体。

经济技术指标
基地面积：17036m²　　　容积率：2.34
建筑面积：42032m²（地下室面积2081m）
绿化面积：5110m²　　　绿化率：30%
户数：312户　　　　　停车位：312个

城市之院　延续城市设计的理念，采用立体交通，人车分行。利用堡坎下部的不利空间，创造出建筑面向城市的客厅。

邻里之院　借用中国传统的院落尺度每二层作为一个院落单元，重塑传统院落的情境与和谐的邻里关系。

家庭之院　将院落的概念引入每个居住单元，主要居室围绕小型庭院布置，以一定的面积换取更高的居住品质。

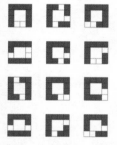

　　哈尔滨道外地区得益于多元化的文化氛围和使用需求，出现了对传统院落的演绎与升级——带外廊的合院。

　　在平面形式上因地制宜地形成多种院落形式，与基本的合院形态形成拓扑关系。尽管各个院落形态不同，但它们都具有相似的建筑密度和空间感受。

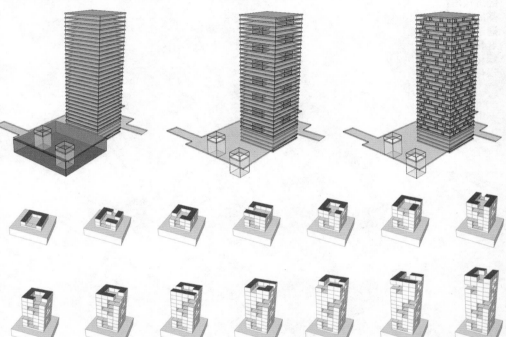

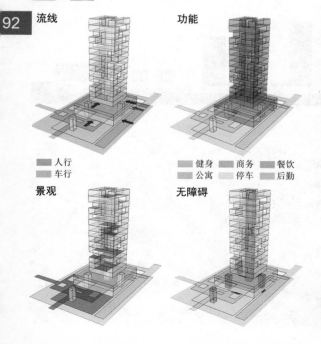

流线　　　　　功能

景观　　　　　无障碍

■ 人行　　　■ 健身　■ 商务　■ 餐饮
■ 车行　　　■ 公寓　■ 停车　■ 后勤

东南立面图 1:350　　　东北立面图 1:350

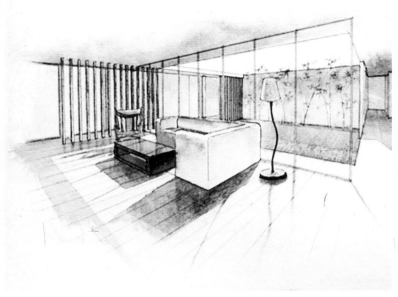

A户型平面图 1:100
使用面积: 23.36㎡
户数: 124套
所占比例: 39.7%

C户型平面图 1:100
使用面积: 60.49㎡
户数: 90套
所占比例: 28.8%

B户型平面 1:100
户数: 80套
使用面积: 42.73㎡
所占比例: 25.6%

D户型平面图 1:100
使用面积: 120.98㎡
户数: 18套
所占比例: 5.8%

总计有312套公寓，其中普通双人间（A户型）124套，豪华双人间（B户型）80套，家庭套房（C户型）90套，复式套房（D户型）18套。室内材质主要以木材、亚麻布料为主，选用暖色调，营造家庭的温馨感受。

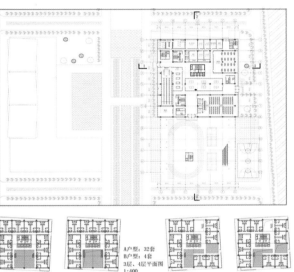

C户型: 14套
B户型: 6套
11层、12层平面图
1:400

C户型: 10套
B户型: 8套
13层、14层平面图
1:400

C户型: 10套
B户型: 8套
15层、16层平面图
1:400

A户型: 才2套
B户型: 8套
17层、18层平面图
1:400

C户型: 14套
B户型: 6套
19层、20层平面图
1:400

C户型: 16套
B户型: 4套
21层、22层平面图
1:400

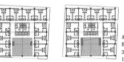

A户型: 32套
B户型: 4套
3层、4层平面图
1:400

A户型: 32套
B户型: 4套
5层、6层平面图
1:400

B户型: 8套
C户型: 4套
23层、24层平面图
1:400

B户型: 6套
C户型: 4套
25层、26层平面图
1:400

A户型: 28套
B户型: 4套
7层、8层平面图
1:400

A户型: 32套
B户型: 2套
9层、10层平面图
1:400

B户型: 6套
C户型: 2套
27层、28层平面图
1:400

B户型: 6套
C户型: 4套
29层、30层平面图
1:400

广场界面 公共性 丰富室外 建筑呼应 标志性

公共空间层次　　不同尺度　　四股人流　　建筑尺度　　广场界面围合　　视线变化

总平面图

—— 地面人流　　—— 空中步道　　—— 车行流线

☐ 停车区域　　■ 绿化　　☐ 扩建用地

一层平面图

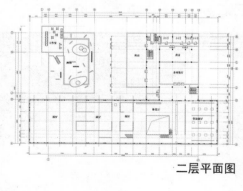

二层平面图

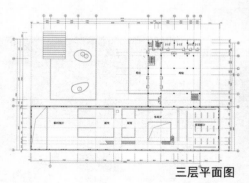

三层平面图

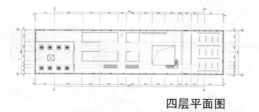

四层平面图

观众参观流线

公共服务流线

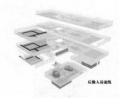

后勤人员流线

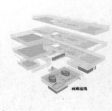

展品流线

室内透视效果

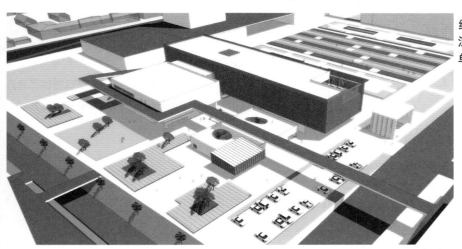

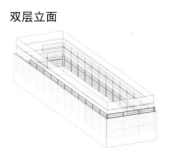

绝热双层玻璃
深色百叶（吸热调光）
单层玻璃

双层立面

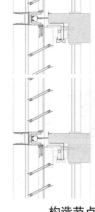

鸟瞰图

构造节点

剖面示意图

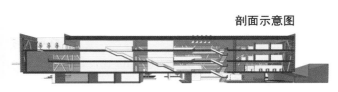

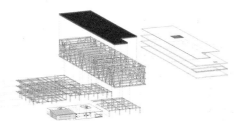

结构体系

中庭的发展

古典时期

在古代中庭是一个不覆顶的开敞庭院，始见于古罗马的建筑中，由房屋、柱廊或院落围合而成。

机会

近代中庭

19 世纪钢和玻璃技术的发展使中庭空间演变成了一个有玻璃屋顶的室内空间。

赖特的承启作用

赖特一直对空间与空间之间的流动感兴趣，1949年他设计了古根海姆美术馆，其中庭的螺旋坡道和采光天窗成为经典之作。

反思

波特曼空间

波特曼的中庭犹如一个室内的城市广场，它赋予中庭一种新的内涵，还给了城市一个属于人的场所。

中庭带来的问题

中庭空间加强了高层建筑的内向性，使其与城市和周边环境的割裂越发严重。

周边的馈赠

基地周边有众多的历史遗产，为建筑提供了良好的视野，也创造了打破高层建筑封闭隔离的机会。

中庭的变化

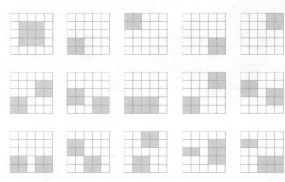

总平面图

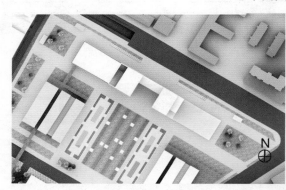

N

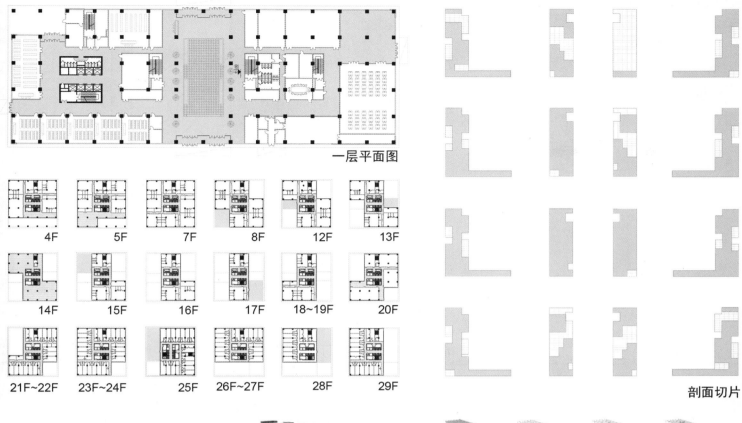

一层平面图

4F	5F	7F	8F	12F	13F
14F	15F	16F	17F	18~19F	20F
21F~22F	23F~24F	25F	26F~27F	28F	29F

剖面切片

景观与视野

功能分区　平台分布　垂直交通　防火疏散

办公流线　住宿流线　结构体系　表皮围护

经济技术指标

基地面积：36700m²　　　绿化率：36.7%
建筑面积：38145.60m²　　地上停车位：36
容积率：1.04　　　　　　地下停车位：86

97

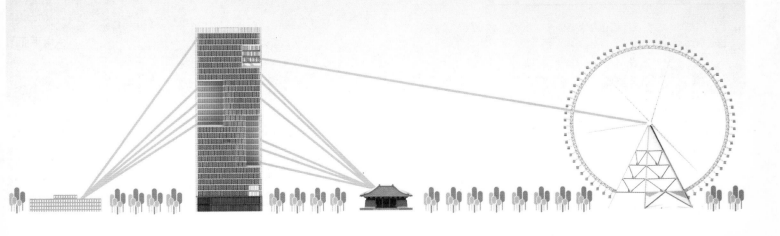

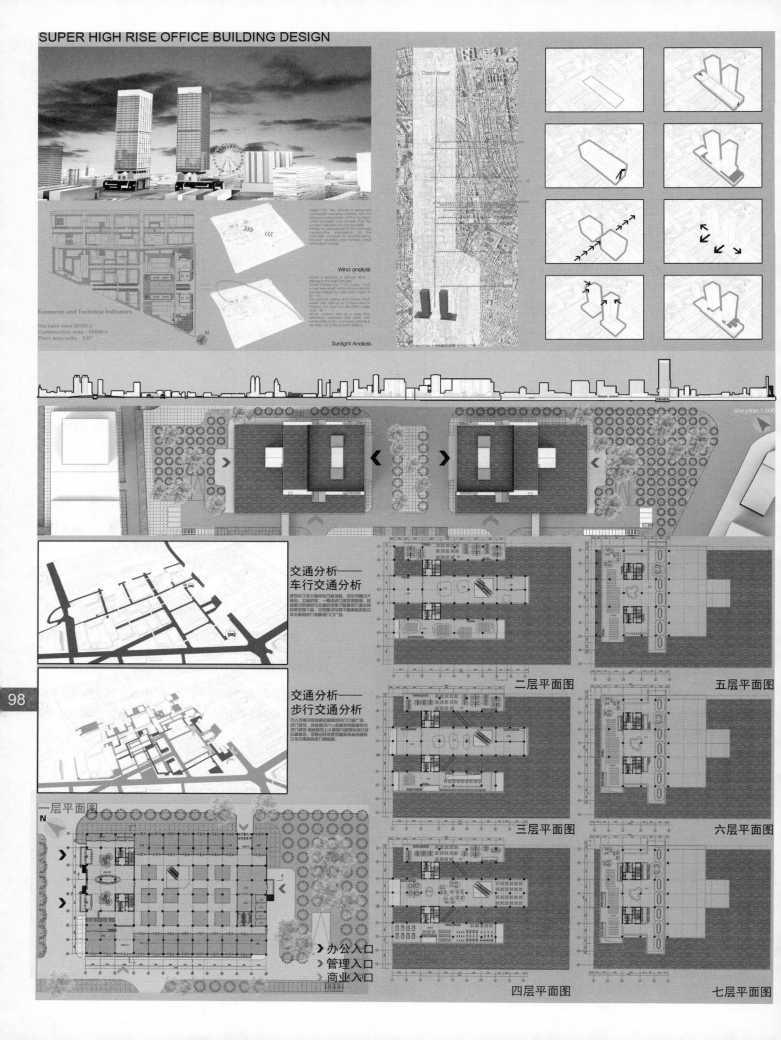

SUPER HIGH RISE OFFICE BUILDING DESIGN

Economic and Technical Indicators

The base area:36790 ㎡
Construction area：68690 ㎡
Floor area ratio：3.67

Wind analysis

Sunlight Analysis

site plan 1:500

交通分析——
车行交通分析

交通分析——
步行交通分析

一层平面图

二层平面图

五层平面图

三层平面图

六层平面图

四层平面图

七层平面图

> 办公入口
> 管理入口
> 商业入口

98

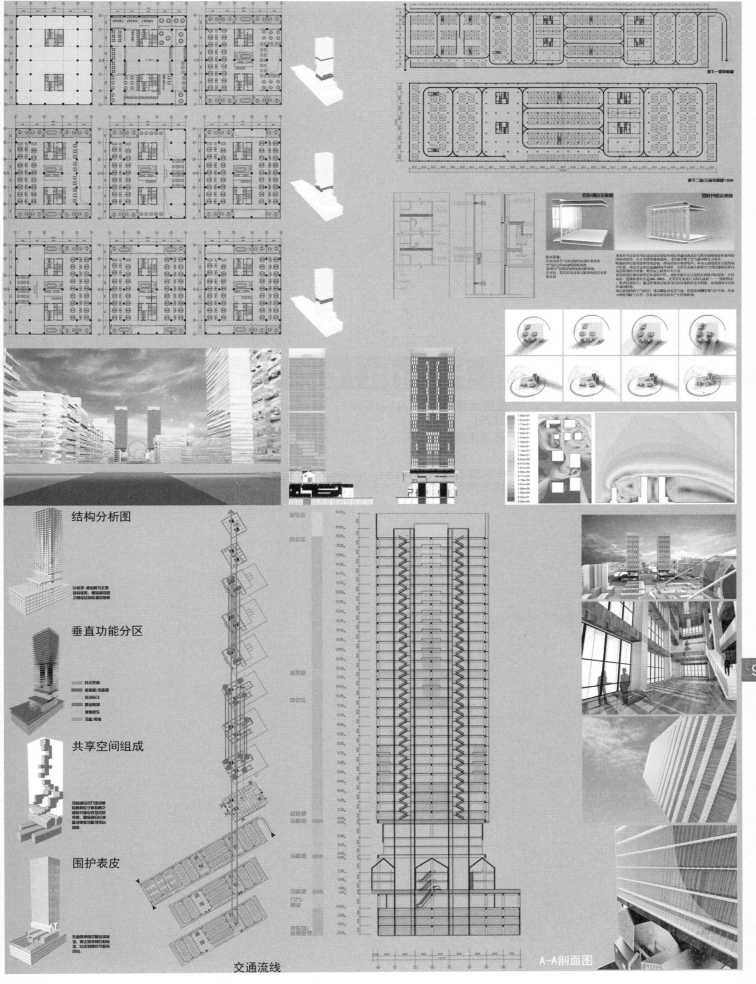

结构分析图

垂直功能分区

共享空间组成

围护表皮

交通流线

A-A剖面图

规划篇 Urban Planning

重庆大学 Chongqing University
[融城]

[概念主题]

哈尔滨工业大学 Harbin Institute Technology
[城市博客]

CHONGQING UNIVERSITY

设计团队 WORKING GROUP

谢正伟　　向澍　　陈灵凤　　杨光

重庆大学 [融城]　　　　　　　　　向澍　谢正伟
重庆大学 [概念主题]　　　　　　　陈灵凤　杨光

指导教师 INSTRUCTORS

邓蜀阳　　　阎波

融城
Fusiong City

重庆大学
CHONGQING UNIVERSITY

设计者：
谢正伟
向澍

哈尔滨老城区城市空间改造与建筑设计
Space Reformation and Architectural Design for Old cityAreas in Harbin

指导教师：邓蜀阳　阎波

设计场地位于哈尔滨城市结构骨架——大直街的起始处，因而方案意图从哈尔滨本土文化与生活方式中寻求对场地的解答，我们针对场地现存的社会、经济、文化、人口以及空间五个方面的矛盾提出相应的策略，最终形成整个场地的五条脉络，延续场所所固有的精神，同时形成哈尔滨城市客厅。

场地卫星图

场地鸟瞰图

场地区位

周边分析

 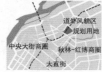  

历史挖掘

■哈尔滨是一座有一百多年深厚历史的城市，先后经历过沙俄、日本统治以及新中国的不同时期，拥有许多不同风格的建筑，形成了独具特色的城市风貌。

■沙俄于1906年进行了哈尔滨历史上第一次的城市规划，该规划以大直街为主干规划了周边区域，从此哈尔滨的城市发展就在该规划的基础上继续发展，可以说大直街是整个哈尔滨市的龙脊，场地位于哈尔滨的龙头。

大直街

1906　　　　1917　　　　1933　　　　1982

场地定位

场地定位：城市客厅

定位理由：

1）良好的地理区位

2）方便的交通区位

3）城市龙头的特殊区位

城市客厅
├ 非物质因素
│　├ 感情释放 —— ■"好看" + "好客"
│　├ 生活憩息 —— ■文化中心+生活场所
│　├ 文化灵魂 —— ■增添城市活力+彰显城市特色
│　└ 地域景观 —— ■空间设计+活动策划
└ 物质因素
　　└ 公共空间 —— ■以人为本+寒地特色空间环境设计

旧城更新

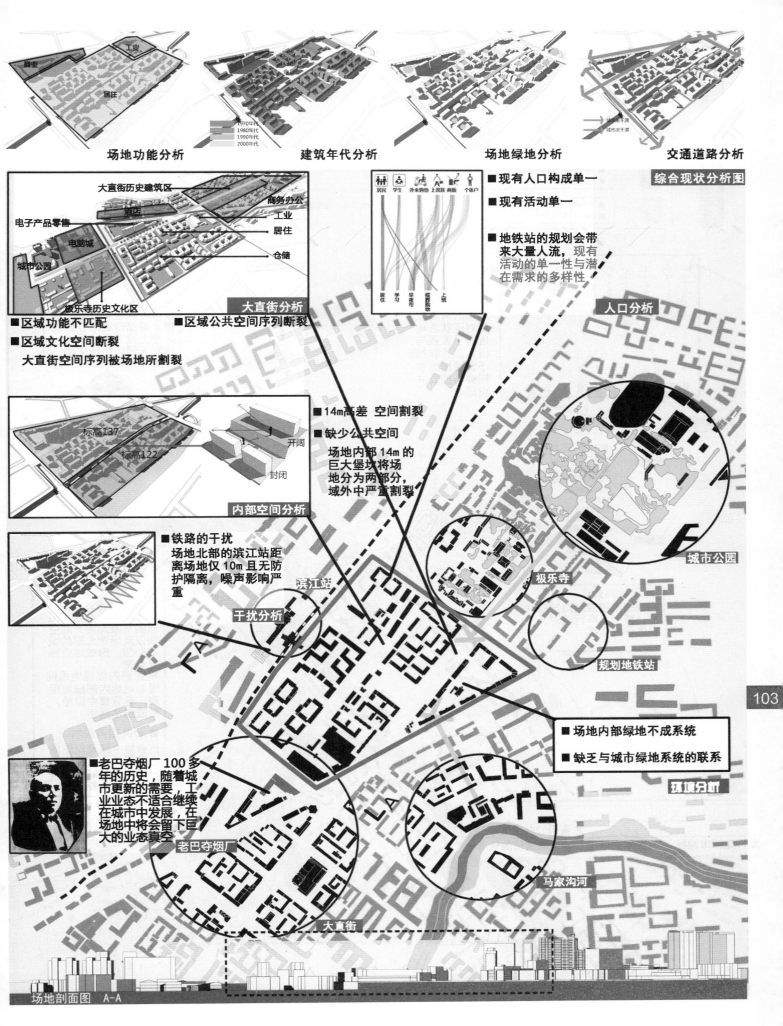

场地功能分析　　　建筑年代分析　　　场地绿地分析　　　交通道路分析

1970年代
1980年代
1990年代
2000年代

城市主干道
城市次干道

综合现状分析图

大直街历史建筑区
商务办公
工业
居住
仓储

电子产品零售
酒店

电脑城

城市公园

极乐寺历史文化区

大直街分析

■区域功能不匹配　　■区域公共空间序列断裂
■区域文化空间断裂
　大直街空间序列被场地所割裂

标高137
标高122
开阔
封闭

内部空间分析

■铁路的干扰
　场地北部的滨江站距
　离场地仅10m且无防
　护隔离，噪声影响严
　重

干扰分析

■现有人口构成单一

■现有活动单一

■地铁站的规划会带
　来大量人流，现有
　活动的单一性与潜
　在需求的多样性

居民　学生　外来购物　上班族　商贩　个体户

居住　学习　早夜市　殡葬购物　上班

人口分析

■14m高差　空间割裂

■缺少公共空间
　场地内部14m的
　巨大堡坎将场
　地分为两部分，
　域外中严重割裂

滨江站

极乐寺

规划地铁站

城市公园

103

■场地内部绿地不成系统

■缺乏与城市绿地系统的联系

环域分析

■老巴夺烟厂100多
　年的历史，随着城
　市更新的需要，工
　业业态不适合继续
　在城市中发展，在
　场地中将会留下巨
　大的业态真空

老巴夺烟厂

马家沟河

大直街

场地剖面图　A-A

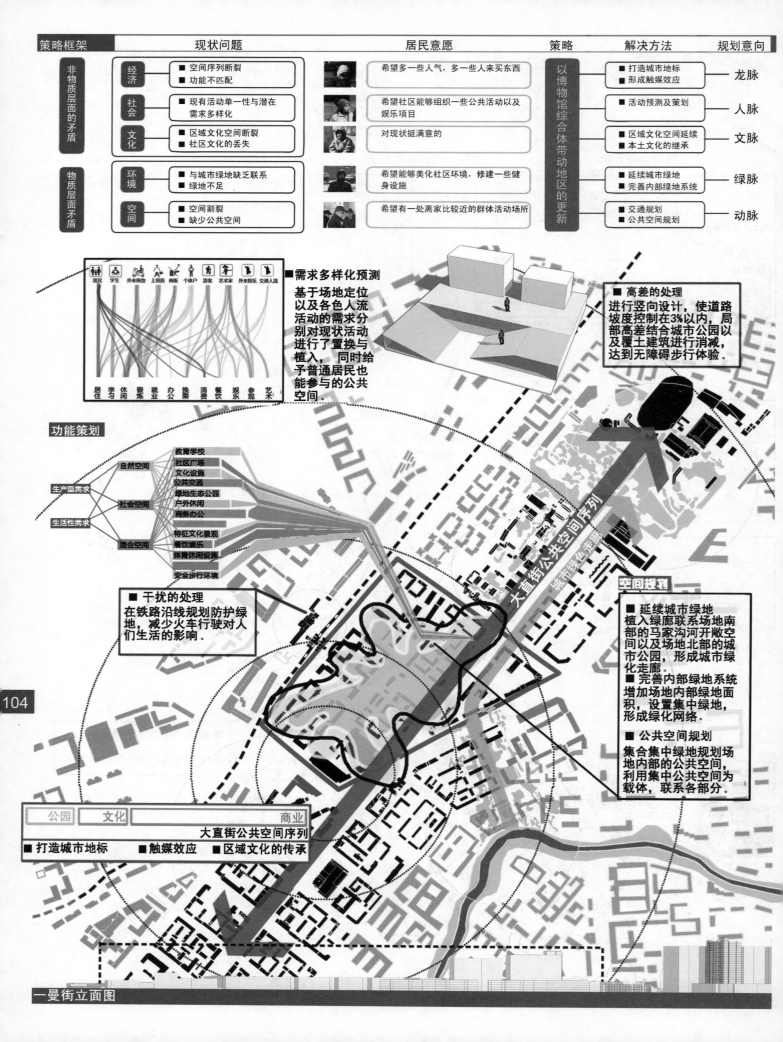

策略框架	现状问题	居民意愿	策略	解决方法	规划意向
非物质层面的矛盾 经济	■ 空间序列断裂 ■ 功能不匹配	希望多一些人气，多一些人来买东西	**以博物馆综合体带动地区的更新**	■ 打造城市地标 ■ 形成触媒效应	龙脉
社会	■ 现有活动单一性与潜在需求多样化	希望社区能够组织一些公共活动以及娱乐项目		■ 活动预测及策划	人脉
文化	■ 区域文化空间断裂 ■ 社区文化的丢失	对现状挺满意的		■ 区域文化空间延续 ■ 本土文化的继承	文脉
物质层面矛盾 环境	■ 与城市绿地缺乏联系 ■ 绿地不足	希望能够美化社区环境，修建一些健身设施		■ 延续城市绿地 ■ 完善内部绿地系统	绿脉
空间	■ 空间割裂 ■ 缺少公共空间	希望有一处离家比较近的群体活动场所		■ 交通规划 ■ 公共空间规划	动脉

■ **需求多样化预测**
基于场地定位以及各色人流活动的需求分别对现状活动进行了置换与植入，同时给予普通居民也能参与的公共空间。

■ **高差的处理**
进行竖向设计，使道路坡度控制在3%以内，局部高差结合城市公园以及覆土建筑进行消减，达到无障碍步行体验。

功能策划

■ **干扰的处理**
在铁路沿线规划防护绿地，减少火车行驶对人们生活的影响。

大直街公共空间序列
城市绿色走廊

空间规划

■ 延续城市绿地
植入绿廊联系场地南部的马家沟河开敞空间以及场地北部的城市公园，形成城市绿化走廊。
■ 完善内部绿地系统
增加场地内部绿地面积，设置集中绿地，形成绿化网络。
■ 公共空间规划
集合集中绿地规划场地内部的公共空间，利用集中公共空间为载体，联系各部分。

公园	文化	商业

大直街公共空间序列
■ 打造城市地标　■ 触媒效应　■ 区域文化的传承

一曼街立面图

104

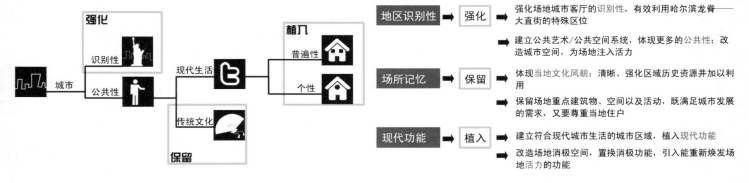

地区识别性 → 强化	强化场地城市客厅的识别性，有效利用哈尔滨龙脊——大直街的特殊区位
	建立公共艺术/公共空间系统，体现更多的公共性；改造城市空间，为场地注入活力
场所记忆 → 保留	体现当地文化风貌；清晰、强化区域历史资源并加以利用
	保留场地重点建筑物、空间以及活动，既满足城市发展的需求，又要尊重当地住户
现代功能 → 植入	建立符合现代城市生活的城市区域，植入现代功能
	改造场地消极空间，置换消极功能，引入能重新焕发场地活力的功能

场地印象

场地位于哈尔滨龙脊——大直街的端头，历史悠久的哈尔滨老巴夺烟厂位于此处，周边用地性质复杂，场地主要功能为居住，多为 20 世纪 90 年代以前所修建，许多零售商贩散布其中，场地内部 14m 的堡坎严重阻断了其与外界的联系，形成消极的城市空间，场地急需更新以注入新的活力。

概念的提出

STEP 1—— 关于城市智慧

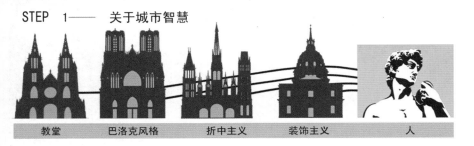

哈尔滨的城市智慧是什么？

哈尔滨是中国著名的历史文化名城，素有"共和国长子"以及"冰城夏都"等美称，哈尔滨拥有许多不同历史时期的建筑风格，包含着不同的建筑语言，是一座充满着浪漫、包容、以人为本的城市。

STEP 2—— 关于城市更新

哈尔滨的城市发展方式是什么？

哈尔滨是一座依托铁路发展而来的城市，先后经历过沙俄以及日本的殖民统治，一直是一座重要的重工业城市，近代作为一所著名的冰雪文化名城，城市职能的更替，说到底其实是人们生活方式的一种更新。

STEP 3—— 关于场地内部的城市矛盾

场地独特的地理区位以及发展历史造就了其特有的社会、经济、文化、环境以及空间 5 个方面的矛盾，制约了场地与城市空间的发展，我们试图以最适合哈尔滨的方式解决场地固有的矛盾。

概念的解析

现状	分析归类	以物质矛盾为载体融合

非物质层面　　物质层面

各种社会矛盾 —— 熔—物质层面的矛盾 ——— **融城**

—— 溶—非物质层面的矛盾 ———

延续与发展——哈尔滨的城市客厅

鸟瞰图

方案演进过程

2012. 4. 09   2012. 4. 17   2012. 5. 09

城市设计总平面图

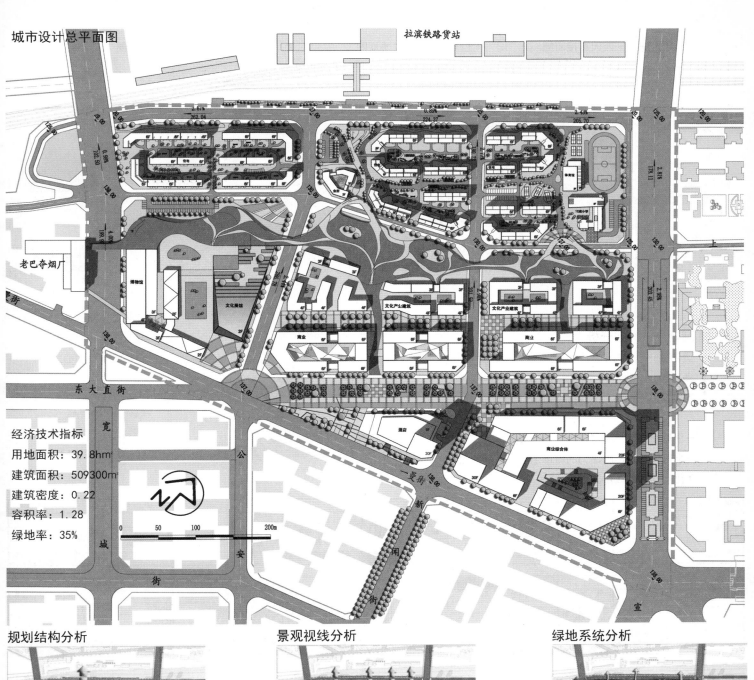

拉滨铁路货站

老巴夺烟厂

博物馆

文化展馆

文化产业建筑

文化产业建筑

商业

商业

东大直街

酒店

商业综合体

宽城街

公安街

一曼街

新闻街

宣

经济技术指标

用地面积：39.8hm²
建筑面积：509300m²
建筑密度：0.22
容积率：1.28
绿地率：35%

0 50 100 200m

规划结构分析

文化之心
中央公园带
发展轴线

景观视线分析

主要视线景观
视线通廊

绿地系统分析

防护绿地
公园绿地
步行由景观带
绿化廊道
庭院绿地
城市水体

空间结构分析

城市主干道
城市次干道
主轴
次轴
步行道

道路系统分析

主要公共空间
空间要节点
内院节点

开发时序分析

一期开发
二期开发
三期开发
四期开发

龙脉

龙脉——西大直接商圈　　　龙脉——秋林红博商圈　　　龙脉——"黑龙"商圈

果戈里大街
松雷商厦
大世界商城
远大购物中心
果戈里大街
沿街小商业
沿街小商业
沿街小商业
沿街小商业
综合商务区
电子商业区
电脑城

人脉　活动——时间分析

➤ 灵活性——为多样人群创造丰富可变的活动。
➤ 多样性——为不同人群创造不同公共活动内容。
➤ 可持续性——为不同功能创造不同活动空间。

　　一个具有国际旅游城市级别的商业、商务综合地段，一个可保持24小时活力的城市街区、游客旅游轴心，文化和娱乐的场所。

靖宇商圈
经营特色：商品批发零售

"黑龙"商圈
经营特色：以文化为依托，一站式购物中心

中央大街
经营特色：游览休闲功能似乎更胜于购物功能

秋林—红博商圈
经营特色：中高档商品、休闲、娱乐、餐饮为一体

时间 Time　Sequence	1	2	3	4	5	6	7	8	9	10	11	12
平常活动 Day movement	散步	休息 逛达	市场	运动	学习	参观	购物	办公	通过	停留	旅游	散步
功能分区	公园绿地		特色居住区		小学	博物馆	文化产业区	商业区		铁路	地铁	公园绿地
Function			小学		博物馆				公园绿地		商业区	
节庆活动 Event	冰雪节	滚冰节 冰灯节	全民运动会	电影节		端午节 姑姑节	啤酒节	音乐节 松花江旅游文化节	创意产业节		异国美食节	冰雪节
人流量 Number												

绿脉

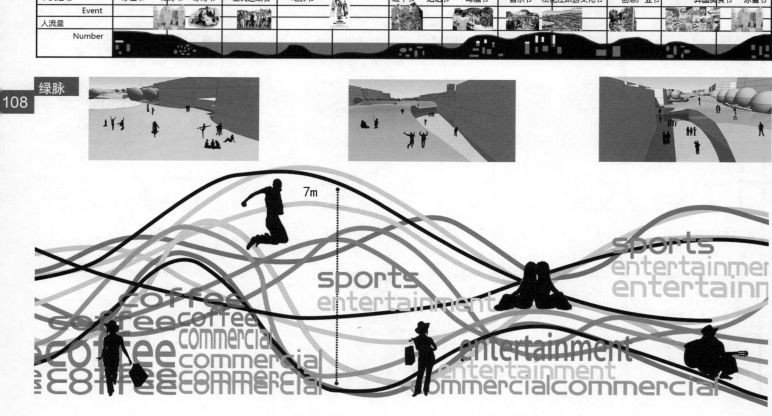

7m

sports
entertainment
entertainment
coffee
coffee coffee
commercial
commercial
commercial commercial
sports
entertainment
entertainment
commercial

文脉

文脉——龙尾

文脉——龙首

区域文化延续：植入文化产业；延续本土文化，并与博物馆区联动将西面大直街上的文化要素以及东面的极乐寺和文化公园串联起来，形成大直街连续的文化旅游廊道。

旅游体系分析

规划将场地内部及周边各种自然及人文景点串连成一个大直街的旅游序列，充分展现了"龙头"的地位。

动脉

建筑设计

地形改造

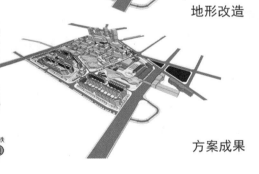

方案成果

规划中央公园作为场地最主要的公共空间，消解地形高差，整个场地形成一个无障碍步行系统，在局部布置地景建筑，组成公园和商业内街相结合的空间，满足人们多方面的需求。

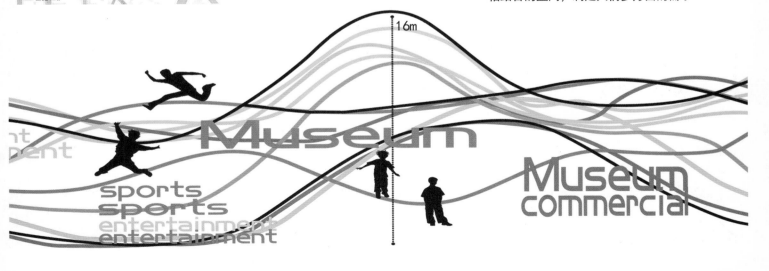

109

节点1——铁路文化公园

节点区位

流线分析

主要流线
转换流线
节点

活力点分析

活力密度
活力集聚点

采光天井
下沉路径

停车场
花坛

会所

天桥

会所

3F

2F

下

下

下

下

下

127.00

109.71

2.73%

128.00

129.00

130.00

0   25   50

环境布置分析

冬季盛行西北风，常绿树多种植在西北面，遮挡寒风，落叶树积雪，别有一番景色

夏天盛行东南风，绿化可将凉风导入，树荫可乘凉，且视线开阔

绿化——活动分析

绿化种植：旱柳、 刺柏—— 红皮云杉、 红瑞木—— 多季玫瑰——金焰绣线菊、水蜡

时间	1	2	3	4	5	6	7	8	9	10	11	12	地点
赏花													花坛
观果													绿地
节庆活动													
	冰雪节	冰雕		电影节		美食节		音乐节	啤酒节		冰雪节	冰雕	室外开
													敞空间

场地鸟瞰 A

场地鸟瞰 B

场地剖面图

夯实土基1.2m
砂浆层0.3m
钢筋混凝土0.18m

127.00

122.80

120.00

110

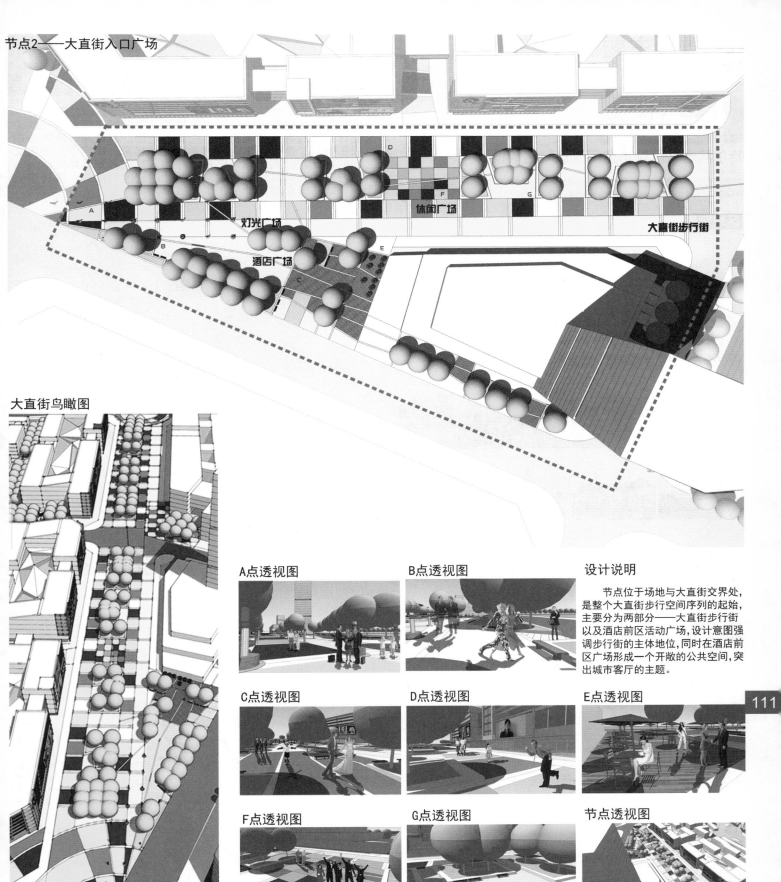

大直街鸟瞰图

A点透视图

B点透视图

设计说明

　　节点位于场地与大直街交界处，是整个大直街步行空间序列的起始，主要分为两部分——大直街步行街以及酒店前区活动广场，设计意图强调步行街的主体地位，同时在酒店前区广场形成一个开敞的公共空间，突出城市客厅的主题。

C点透视图

D点透视图

E点透视图

111

F点透视图

G点透视图

节点透视图

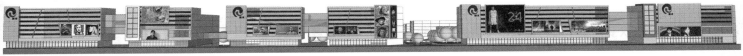

概念主题

重庆大学
CHONGQING UNIVERSITY

设计者：陈灵凤
        杨 光

陈灵凤

杨光

哈尔滨老城区城市空间改造与建筑设计
Space Reformation and Architectural Design for Old City Areas in Harbin

指导教师：邓蜀阳　阎波

冰雪之城、中华巴洛克……彰显着哈尔滨城市独特的气质，本次设计，通过寻找基地特有的内涵和记忆，将铁路、老巴夺烟厂、极乐寺三个外围元素，用对角线连接起来，实现不同历史文化之间的对话。公园和轴线将基地外的人气引入到基地内部，结合不同时节的活动策划，激发整个基地的交流与活力。这样中心公园和轴线在生态廊道外又多了两层意义。

区域背景

黑龙江省　　　　哈尔滨市域　　　　哈尔滨城区地

哈尔滨是黑龙江省省会，中国东北的政治、经济、文化和交通中心，素有"冰城夏都"的美称。

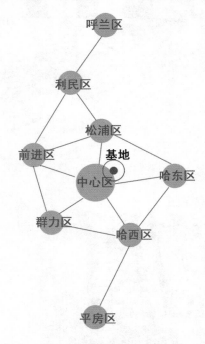

铁路、林立的厂房是哈尔滨给人们的历史记忆。同时哈尔滨也是一座东西方文明融合的城市，这种结合在建筑上体现的特别明显。

基地位于哈尔滨二环内，紧临内环路的宽城街，位于南岗区、道里区、道外区三区交接之处，有衔接三大行政区的作用。

商业氛围

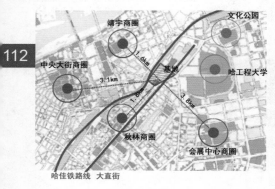

基地位于南岗、道里、道外三大中心商圈的对角线上，受到三大商圈的商业带动，必将成为一个独立的商业中心，并将与三大商圈联系形成中心区的商业环，带动城市商业发展。
基地周边有的极乐寺、文化公园、哈工程大学等，急需有一个商业支撑，这也构成基地成为中心区次要商业中心的重要条件。

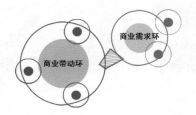

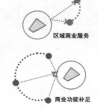

基地成为中心区的次要商业中心，是城市发展的必然趋势。

生态景观

根据景观生态学基质—斑块—廊道的分析方法可以得出以下结论：
基地位于哈尔滨的马家沟河区域景观生态廊道。同时又位于次一级景观生态的廊道上，在基地周围有文化公园绿地，哈尔滨工程大学校园绿地，和大直街街头公园。这就要求基地填补这个范围内生态廊道的作用，同时也要依托铁路防护绿地形成城市生态能量流动的重要渠道。

基地应该遵从城市景观生态的要求，发挥生态廊道的重要作用。

112

历史坐标

黑龙江省博物馆　　哈尔滨铁路局　　老巴夺烟厂　　哈尔滨文化公园

基地

龙脉

哈工大主教楼　天主教堂　东正教堂　张氏墓塔　极乐寺　文庙

基地位于哈尔滨龙脉咽喉，从龙头到龙脊，记录了整个哈尔滨城市的历史发展足迹，所以维护基地的历史坐标地位毋庸置疑。

地形分析

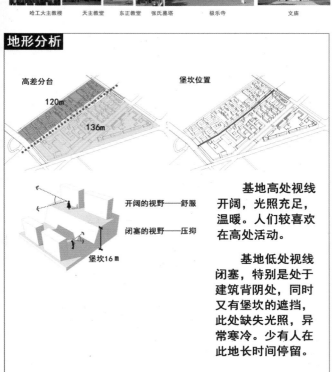

高差分台
120m
136m

堡坎位置

开阔的视野——舒服
闭塞的视野——压抑

堡坎16m

基地高处视线开阔，光照充足，温暖。人们较喜欢在高处活动。

基地低处视线闭塞，特别是处于建筑背阴处，同时又有堡坎的遮挡，此处缺失光照，异常寒冷。少有人在此地长时间停留。

功能分析

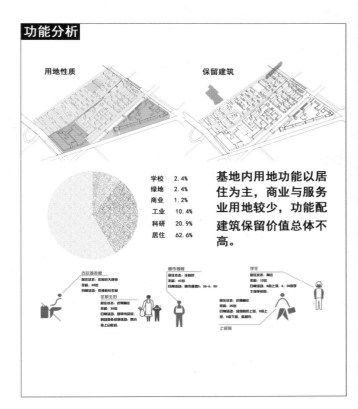

用地性质　　　　　保留建筑

学校	2.4%
绿地	2.4%
商业	1.2%
工业	10.4%
科研	20.9%
居住	62.6%

基地内用地功能以居住为主，商业与服务业用地较少，功能配建筑保留价值总体不高。

交通分析

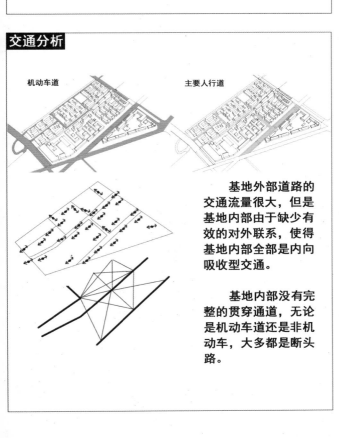

机动车道　　　　　主要人行道

基地外部道路的交通流量很大，但是基地内部由于缺少有效的对外联系，使得基地内部全部是内向吸收型交通。

基地内部没有完整的贯穿通道，无论是机动车道还是非机动车，大多都是断头路。

公共空间分析

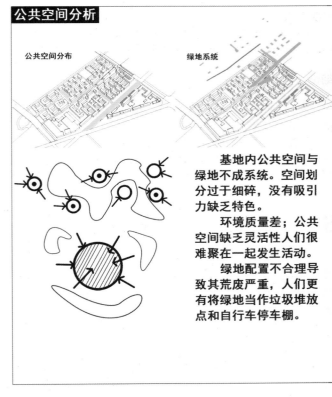

公共空间分布　　　绿地系统

基地内公共空间与绿地不成系统。空间划分过于细碎，没有吸引力缺乏特色。

环境质量差；公共空间缺乏灵活性人们很难聚在一起发生活动。

绿地配置不合理导致其荒废严重，人们更有将绿地当作垃圾堆放点和自行车停车棚。

综合活力分析

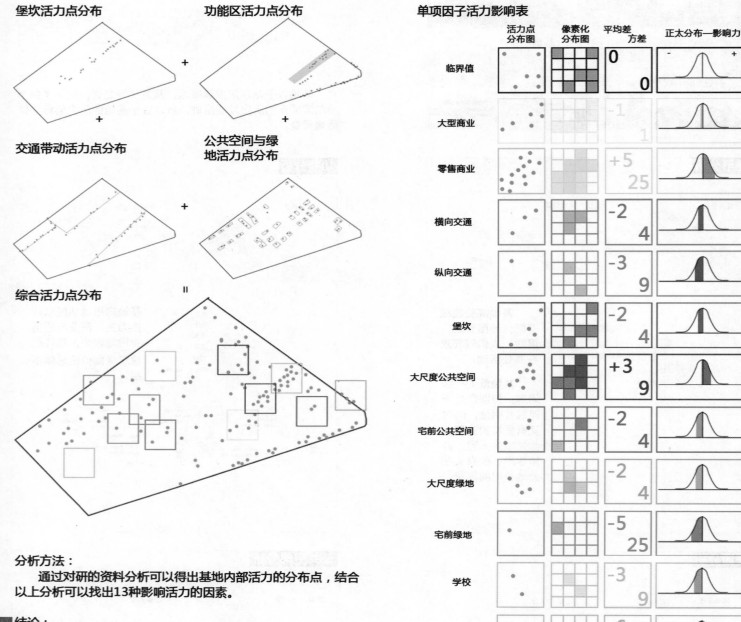

堡坎活力点分布 + **功能区活力点分布**

交通带动活力点分布 + **公共空间与绿地活力点分布**

综合活力点分布 =

单项因子活力影响表

	活力点分布图	像素化分布图	平均差方差	正太分布—影响力
临界值			0 / 0	− +
大型商业			−1 / 1	
零售商业			+5 / 25	
横向交通			−2 / 4	
纵向交通			−3 / 9	
堡坎			−2 / 4	
大尺度公共空间			+3 / 9	
宅前公共空间			−2 / 4	
大尺度绿地			−2 / 4	
宅前绿地			−5 / 25	
学校			−3 / 9	
工厂			−6 / 36	
科研单位			−3 / 9	

分析方法：

通过对研的资料分析可以得出基地内部活力的分布点，结合以上分析可以找出13种影响活力的因素。

结论：

1. 现有地形——堡坎对基地活力是消极作用，需要改造；
2. 工业对基地的活力影响很小，商业特别是零售商业的活力提升作用很大；
3. 现状交通不能提供足量的人流，特别是纵向的交通；
4. 相较细碎的绿地，较大尺度的绿地与广场更能吸引人群。

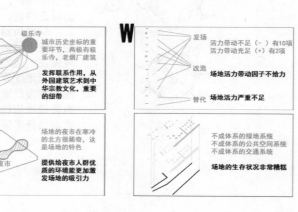

S

极乐寺
老八夺烟厂

城市历史坐标的重要环节，两极有极乐寺，老烟厂建筑
发挥联系作用，从外国建筑艺术到中华宗教文化，重要的纽带

夜市

场地的夜市在寒冷的北方很稀奇，这是场地的特色
提供给夜市人群优质的环境能更加激发场地的吸引力

W

发扬
改造
替代

活力带动不足（−）有10项
活力带动充足（+）有2项
场地活力带动因子不给力
场地活力严重不足

不成体系的绿地系统
不成体系的公共空间系统
不成体系的交通系统
场地的生存状况非常糟糕

O

外部商圈的带动作用
外部其他功能区的消费需求
无论何种商业，大型购物，零售、服务，都是现在地块面对的最大的发展方向

城市绿地系统要求场地提供生态廊道的作用
绿地，较大尺度的绿地在哪里都非常受欢迎

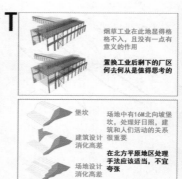

T

烟草工业在此地显得格格不入，且没有一点有意义的作用
置换工业后剩下的厂区何去何从是值得思考的

堡坎
建筑设计消化高差
场地设计消化高差

场地中有16M北向坡堡坎，处理好日照，建筑和人们活动的关系很重要
在北方平原地区处理手法应该适当，不宜夸张

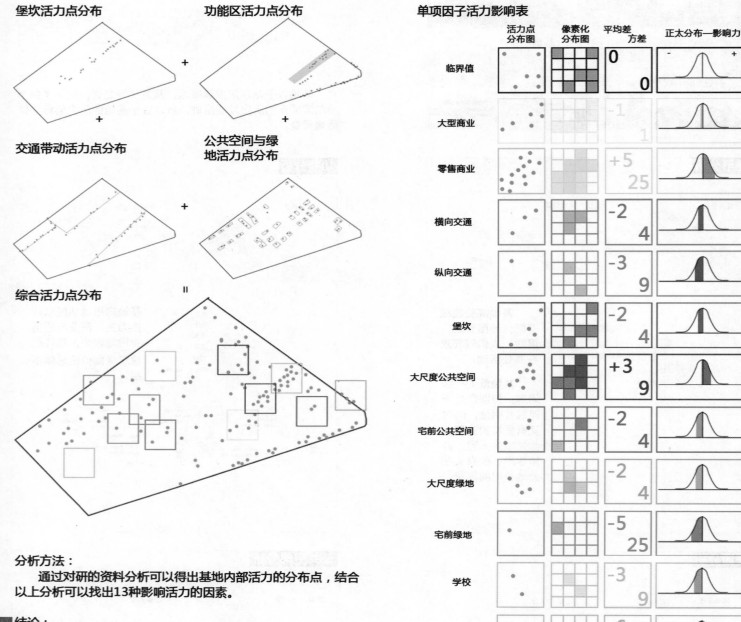

114

设计构思

定位与立意

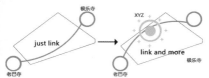

交通系统

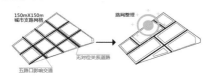

地形处理

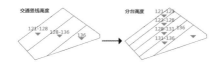

功能业态

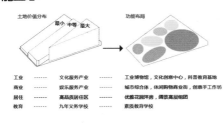

构思成果

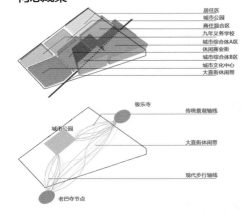

居住区
城市公园
商住混合区
九年义务学校
城市综合体A区
休闲商业街
城市综合体B区
城市文化中心
大直街休闲带

极乐寺
城市公园
老巴夺节点
传统景观轴线
大直街休闲带
现代步行轴线

活力策划

活力并不能被设计，而设计师仅仅能提供发生活力的场地

特殊时段活动
时间　活动种类　活动规模　所需地点

我们希望通过活力策划达到激发活力的目的

日常活动
时段　活动种类　活动规模　固定地点

单列生活在社区的居民，通过对它们日常生活的模拟提出一些改造的建议
模拟改造后的生活状态，推理活力改造对社区生活水准的提高

特色活动要素

日常活动所需场地选项卡

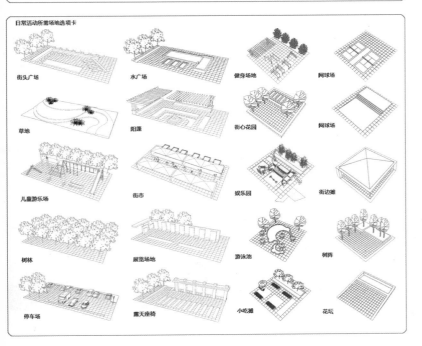

街头广场　水广场　健身场地　网球场
草地　阳篷　街心花园　网球场
儿童游乐场　街市　娱乐场地　街边摊
树林　展览场地　游泳池　树阵
停车场　露天座椅　小吃摊　花坛

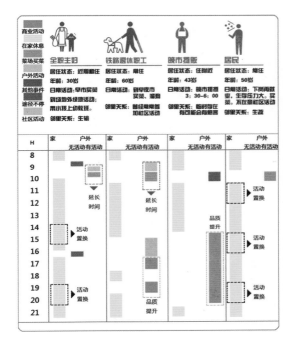

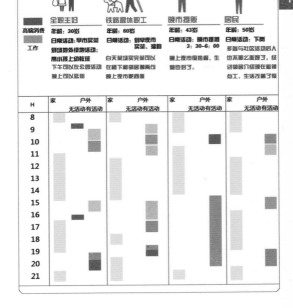

设计推敲

构思成果耦合

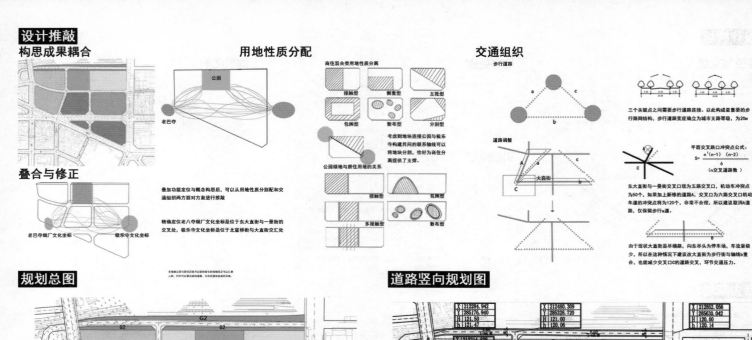

用地性质分配

交通组织

叠合与修正

叠加功能定位与概念构思后，可以从用地性质分割配和交通组织两方面对方案进行推敲

精确定位老八夺烟厂文化坐标是位于东大直街与一曼街的交叉处，极乐寺文化坐标是位于北宜桥街与大直街交汇处

商住混合类用地性质分离

考虑到地块连接公园与极乐寺构造其间的联系轴线可以将地块分割，恰好为商住分离提供了支撑。

公园绿地与居住用地的关系

三个关键点之间需要步行道路连接。以此构成最重要的步行路网结构，步行道路宽度确立为城市支路等级，为20m

平面交叉路口冲突点公式：
$$S = \frac{n^2(n-1) \cdot (n-2)}{6}$$
（n交叉道路数）

东大直街与一曼街交叉口现为五路交叉口，机动车冲突点为50个，如果加上新修的道路A，交叉口为六路交叉口机动车道的冲突点将为120个，非常不合理，所以建议取消A道路，仅保留步行b道。

由于现状大直街是尽端路，向东尽头多停车场，车流量很少，所以在这种情况下建议改大直街为步行街与轴线b复合，也能减少交叉口交叉C的道路交叉，环节交通压力。

规划总图

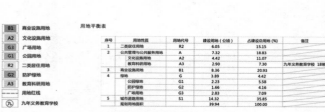

序号		用地性质	用地代号	建设用地（公顷）	占总建设用地（%）	备注
1		二类居住用地	R2	6.05	15.15	
2		公共管理与公共服务用地	A	7.32	18.83	
		文化设施用地	A2	4.42	11.07	
		教育科研用地	A3	2.90	7.30	九年义务教育学校 18地
3		商业设施用地	B1	8.36	20.93	
4		绿地	G	3.89	4.42	
		公园绿地	G1	2.23	5.58	
		防护绿地	G2	1.66	4.16	
		广场用地	G3	2.83	7.09	
5		城市道路用地	S1	14.32	35.85	
		规划用地总面积		39.94	100.00	

道路竖向规划图

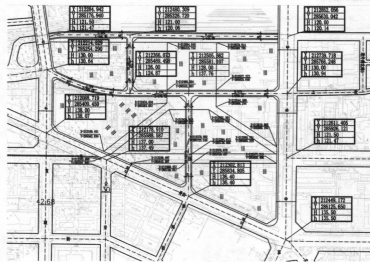

土石方填挖示意图

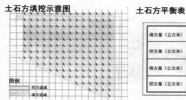

土石方平衡表

				总计
填方量（立方米）	2256.25	930.10	4412.50	0.00	7598.85
挖方量（立方米）	8956.25	2515.90	1018.75	13393.75	25884.65
填方量（立方米）	2500.00	958.87	2500.00	0.00	5958.87
挖方量（立方米）	2500.00	1541.13	2500.00	2500.00	9041.13

说明：

通过填挖的方式，削减地块的堡砍，通过土石方平衡表可以看到，填方总量为7598.85 + 5958.87 = 13557.72，挖方总量为25884.65+9041.13=34925.78，填挖方总量为21368.06m³。填挖比较平衡。

城市道路断面符号

城市道路断面图

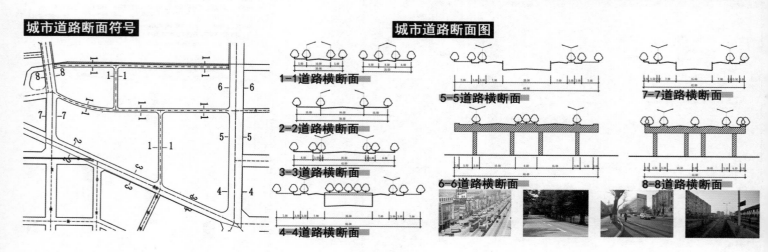

1-1道路横断面

2-2道路横断面

3-3道路横断面

4-4道路横断面

5-5道路横断面

6-6道路横断面

7-7道路横断面

8-8道路横断面

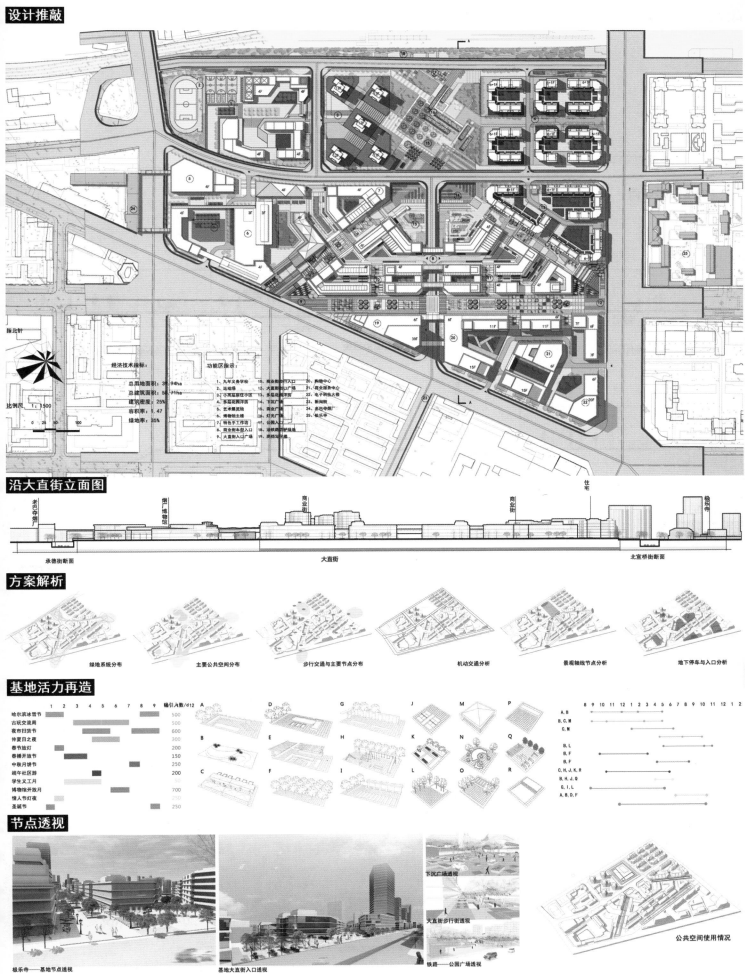

设计推敲

公园广场透视

经济技术指标：
总用地面积：39.94ha
总建筑面积：58.71ha
建筑密度：25%
容积率：1.47
绿地率：35%

功能区指示：
1、九年义务学校
2、运动场
3、小高层住宅区
4、多层花园洋房
5、艺术展览馆
6、博物馆主楼
7、特色手工作坊
8、商业街典型剖面
9、大直街入口广场
10、商业街步行入口
11、大直街出口广场
12、下沉广场
13、西洋厨房
14、灯光广场
15、老巴寺钟楼
16、商业街步行入口
17、绿地商业绿廊
18、沿线商业绿廊
19、高档发廊区
20、购物中心
21、商业服务中心
22、电子科技大楼
23、新闻楼
24、老巴寺钟楼
25、极乐寺

指北针
比例尺 1:3500
0 25 50 100

沿大直街立面图

老巴寺烟厂   烟草博物馆   商业街   住宅   商业街   极乐寺

承德街断面   大直街   北宣桥街断面

方案解析

绿地系统分布   主要公共空间分布   步行交通与主要节点分布   机动交通分析   景观轴线节点分析   地下停车与入口分析

基地活力再造

	1	2	3	4	5	6	7	8	9	吸引人数/d12
哈尔滨冰雪节										500
古玩交流周										500
夜市扫货节										600
仲夏夜之夜										300
春节放灯										200
春播开放节										150
中秋月饼节										250
端午社区游										200
学生义工月										
博物馆开放月										700
情人节灯夜										250
圣诞节										250

A, B
B, C, M
C, M
B, L
B, F
B, F
C, H, J, K, R
B, H, J, Q
G, I, L
A, B, D, F

节点透视

极乐寺——基地节点透视

基地大直街入口透视

下沉广场透视
大直街步行街透视
铁路——公园广场透视

公共空间使用情况

117

剖面图

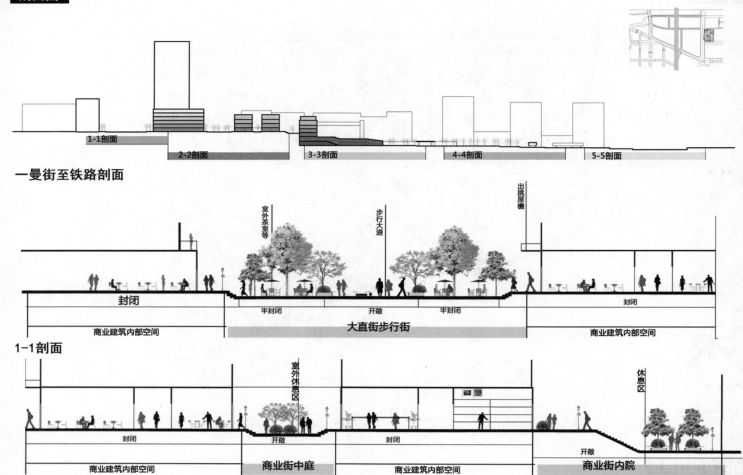

一曼街至铁路剖面

1-1剖面

2-2剖面

大直街鸟瞰图

剖面图

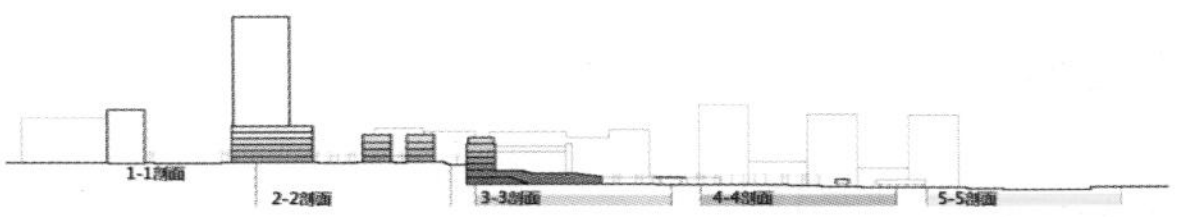

剖面示意

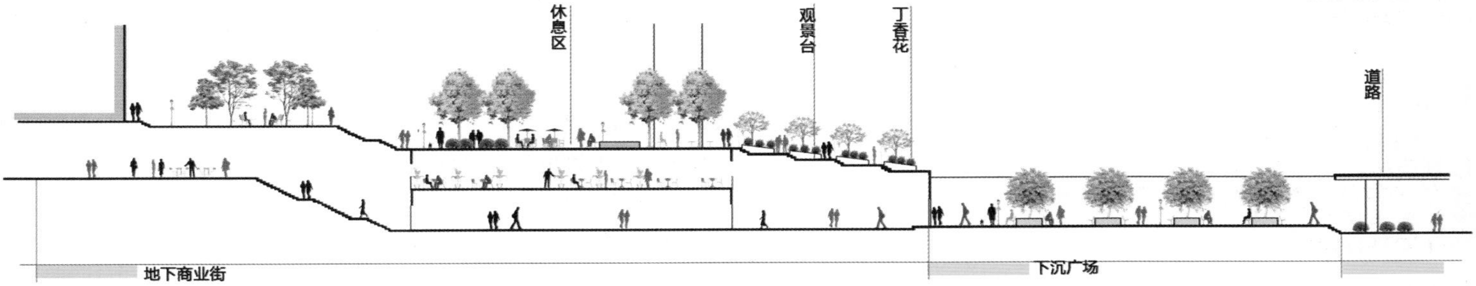

1-1剖面　2-2剖面　3-3剖面　4-4剖面　5-5剖面

休息区　观景台　丁香花　道路

地下商业街　下沉广场

3-3剖面

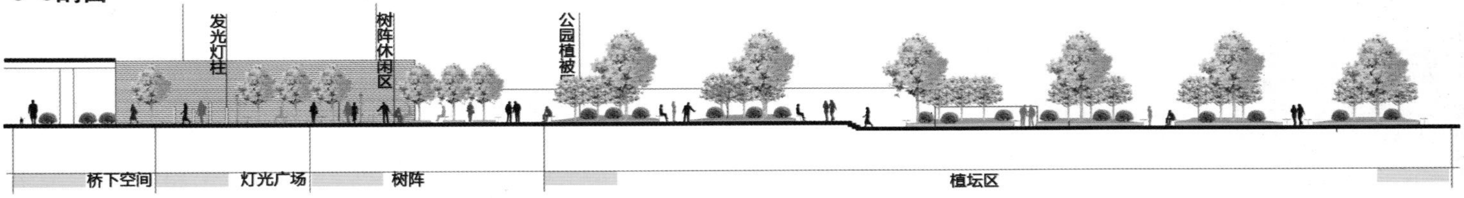

发光灯柱　树阵休闲区　公园植被

桥下空间　灯光广场　树阵　植坛区

4-4剖面

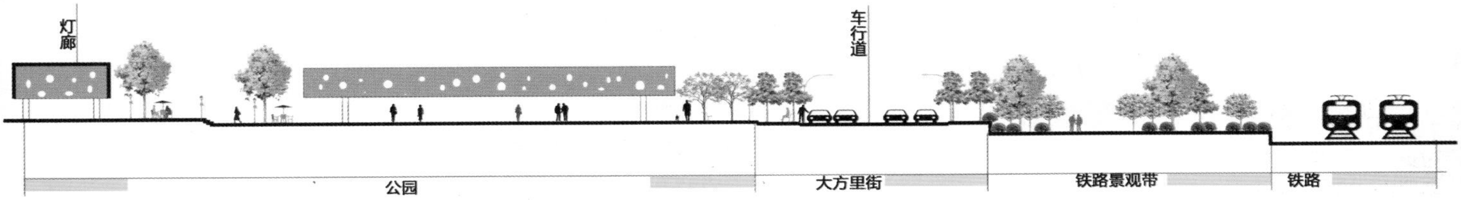

灯廊　车行道

公园　大方里街　铁路景观带　铁路

5-5剖面

铁轨线鸟瞰图

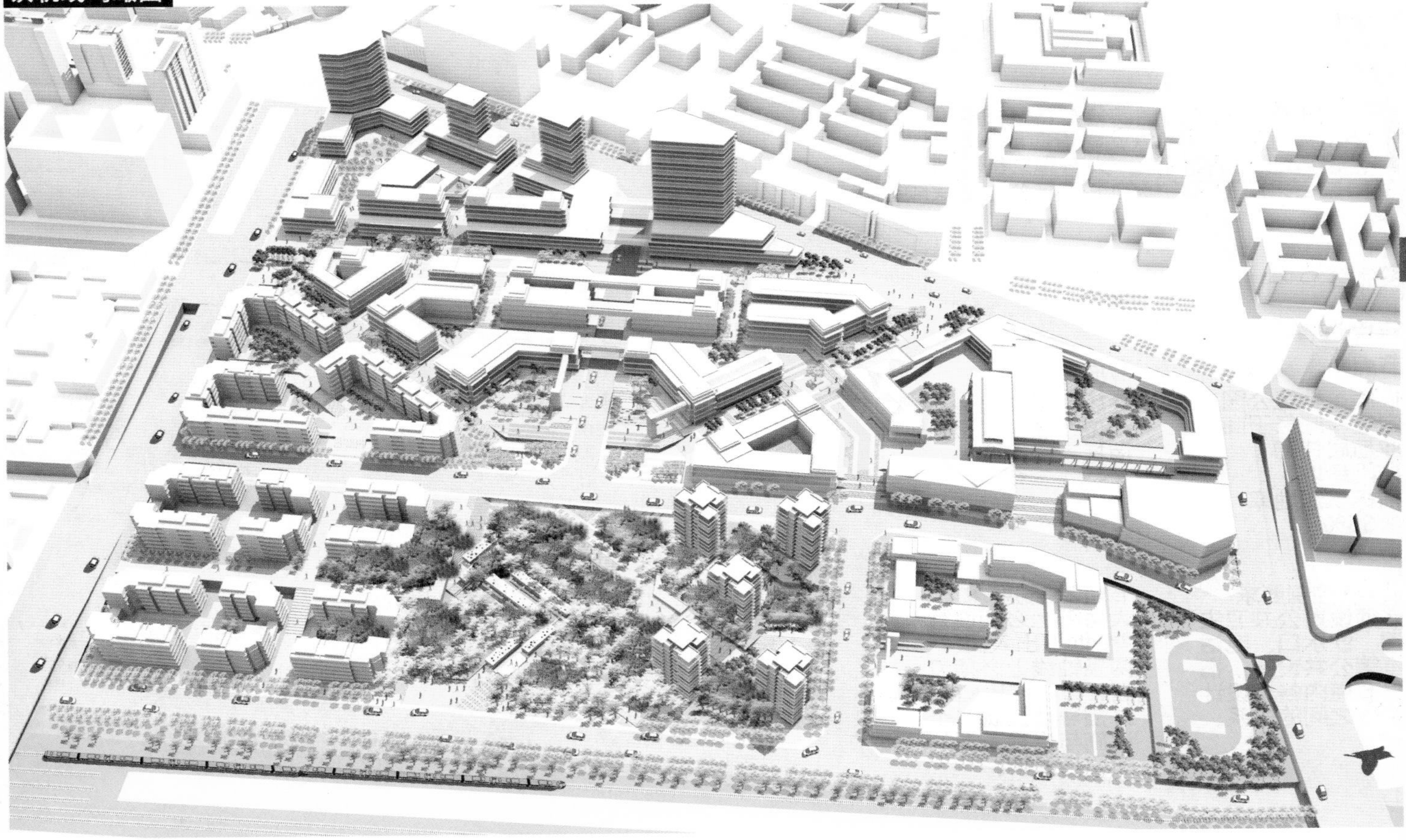

119

整体控制

整体控制策略

"一心三轴"的城市设计结构，"活力更新""三元重塑"的规划理念指导控制。

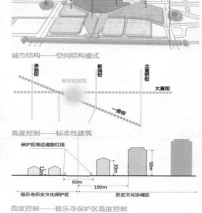

城市结构——一心三轴

整体风貌分区

根据实际特征和规划目标将规划区划分为：中央综合商业区、特色居住区、绿色休闲开敞空间。

城市结构——空间结构模式

高度控制

整体高度控制要求、不应对天际轮廓线造成破坏。根据地块的功能实际，建筑宜以多层建筑为主，绝大部分的建筑控制在24m以下，高度分布应该规则有序。可以沿一曼街设置超高层标志性建筑。

高度控制——标志性建筑

高度控制——极乐寺保护区高度控制

强度控制

规划区各项建设应形成主次有序、疏密对比、重点突出的开发强度空间分布并结合功能组织和风貌分区进行综合控制。

土地开发强度控制引导

道路控制

道路控制

主干道根据步行活动分布特征按300~500m间距设置过街通道,地铁站附近应考虑与地铁通道结合设置地下过街通道。大方里二街与新文街交叉口过街采用下沉广场的形式与公园地块顺畅连接。

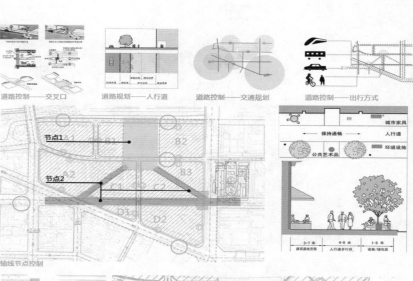

节点控制

节点选择

节点1

性质：社区公园
定位：服务于商业与居住的休闲绿地。
指标：绿地率≥65%

节点2

性质、街头绿地
定位：休闲绿街
指标：绿地率≥65%

节点1控制要求
必须设置公共卫生间、饮水口、电话亭等公共设施，指导节点内各个设计要素之间的关系。

节点2控制要求
大直街上必须设置4个地下出入口、两条轴线上必须设置2个地下出入口并指导性控制各个设施与景观元素的布置与意向。

轴线节点控制

地块控制

用地功能

地块用地功能分为主导功能和兼容功能，应根据总体功能结构安排，保证和加强主导功能，鼓励和引导适宜的兼容功能，限制和迁出不符合改地块功能的项目。

地块划分与退界

建筑红线主要按照城市干道的退让要求退让用地红线，分别按照主干道、次干道、支路的等级分别退让5m、3m、2m。

地块	A1	A2	B1	B2	B3	C1	C2	D1	C2	E
性质	A3	A2	B3	B2	B2	B1	C2	D1	C2	G1
用地面积（平方米）	28973.2	44220.5	15303.9	27597.3	17631.5	19145.8	21307.2	6295.8	36743.7	22500
建筑用地面积（平方米）	34767.8	66330.7	38259.7	41395.9	26447.2	38291.8	42614.4	37774.8	146974.8	42614.4
建筑密度（%）	20	35	30	30	30	50	50	50	50	50
容积率（s）	1.2	1.5	2.5	1.5	1.5	2	2	2	2	4
控制高度	35	30	30	30	30	20	20	20	20	
入口数量（个）	1	2	1	2	2	1	1	2	2	2

公共空间控制

中心公园控制：以新文街为轴线，大方里街和大方里二街为边界，公园东西方向尺度应控制在60~200m之间。

轴线控制

轴线控制宽度为20m，此范围内为限制建设区域。留有视线通廊，不能有建筑物遮挡。轴线界面应尽量完整，周边地块可在轴线上布置人行出入口。

街道界面

街道界面是控制街道空间环境和生活氛围的重要手段，连续性（或贴线率，即k值）有关键的控制作用，应加以重点控制。

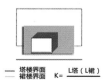

— 塔楼界面
— 裙楼界面　$K=\dfrac{L塔（L裙）}{L用地}$
— 用地界面

中央综合商业区以商业、商务建筑为主，要求K≥0.9。

居住区沿城市主要道路建议K≥0.7

高层居住区，城市绿地建议K≤0.6

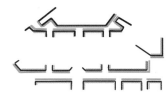

中央综合商业区　　居住区　　高层居住区

街道断面

根据街道性质和所处的各风貌分区的特征，确定断面的主导形式，引导形成各具特色、富有活力的城市街道氛围。

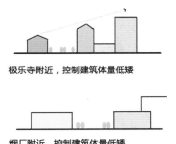

道路断面——车行道

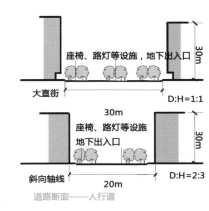

座椅、路灯等设施，地下出入口
大直街　　　D:H=1:1

30m
座椅、路灯等设施
地下出入口
斜向轴线　　20m　　D:H=2:3

道路断面——人行道

建筑形态

传统建筑：折中主义风格、新艺术风格控制新建建筑形态的风格。

极乐寺附近，控制建筑体量低矮

烟厂附近，控制建筑体量低矮

沿一曼街，可以有部分大体量建筑

墙面的划分、使人对建筑尺度的感知明朗化

单元、楼层、墙面的划分自然成为度量建筑的尺度单位

色彩与细部

建筑色彩强调暖色调的应用，其中尤以米黄色和黄白相间的暖色调为多。

建筑类型	推荐色彩	补充色彩
办公建筑		
商业建筑		
居住建筑		

121

布局与材料

建筑布局以<u>围合院落式</u>与<u>轴线街道式</u>为主。
建筑材料主要以石材为主，钢材等新型材料特别注意保温材料的选择，减少玻璃等保温效果差的材料的使用。

近代建筑　新建筑　　近代建筑　新建筑　　近代建筑　新建筑

天际轮廓线

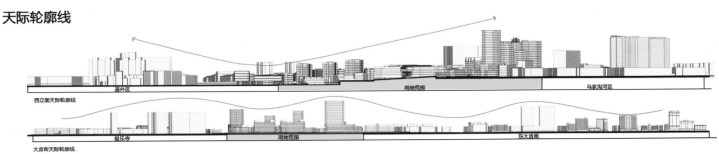

道外区　　用地范围　　马家沟河区

西立面天际轮廓线

极乐寺　　用地范围　　东大直街

大直街天际轮廓线

公园空间是老巴夺片区的核心，是整个设计的重点。它将商业、居住、文化的人气，集广场、绿化有机地交织在一起，所形成的空间环境必须与市民进行丰富多样的公共活动相结合，呈现优美生动的城市景观。

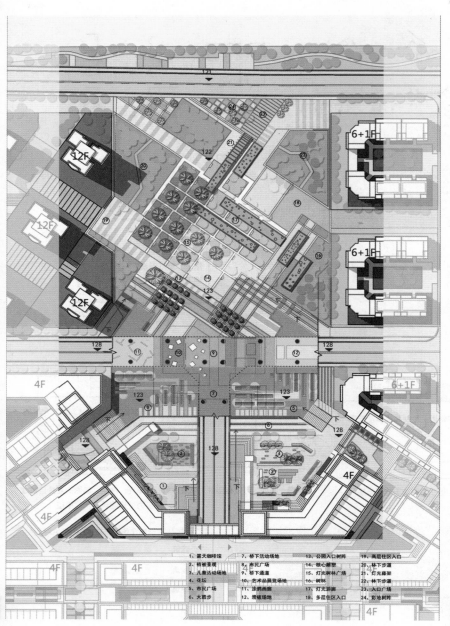

1、露天咖啡馆	7、桥下活动场地	13、公园入口树阵	19、高层住区入口
2、植被景观	8、市民广场	14、核心雕塑	20、林下步道
3、儿童活动场地	9、桥下通道	15、灯光树林广场	21、灯光藤架
4、花坛	10、艺术品展览场地	16、树林	22、林下步道
5、市民广场	11、涂鸦画廊	17、灯光游廊	23、入口广场
6、大踏步	12、滑板场地	18、多层住区入口	24、彩地树阵

构思与分析

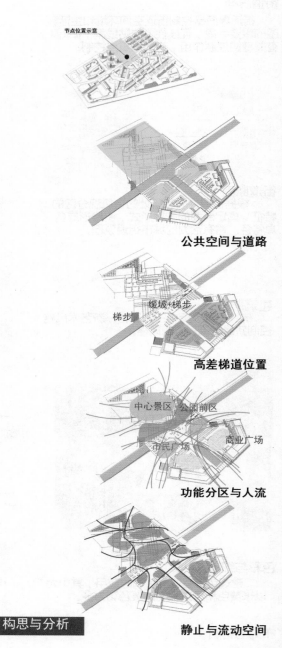

节点位置示意

公共空间与道路

梯步　　缓坡+梯步

高差梯道位置

中心景区　公园前区

市民广场　商业广场

功能分区与人流

静止与流动空间

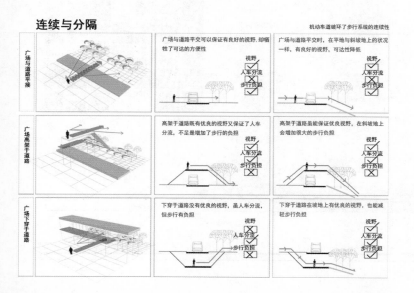

连续与分隔

广场与道路平接	广场与道路平交可以保证有良好的视野，却牺牲了可达性的方便性	广场与道路平交时，在平地与斜坡地上的状况一样，有良好的视野，可达性降低
广场高架于道路	高架于道路既有优良的视野又保证了人车分流，不是是增加了步行的负担	高架于道路虽能保证优良视野，在斜坡地上会增很大的步行负担
广场下穿于道路	下穿于道路没有优良的视野，晶人车分流，但步行有负担	下穿于道路在城坡地上有优良的视野，也能减轻步行负担

机动车道破坏环了步行系统的连续性

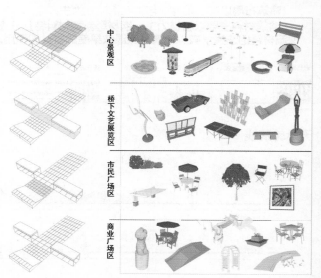

中心景观区

桥下文艺展览区

市民广场区

商业广场区

122

绿地与花

咖啡与茶

灯光与广场

运动

文化生活

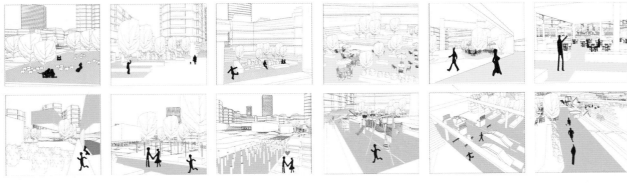

活泼的公共空间是值得人们留恋与分享的，孩子们可以再放学后和伙伴在这里玩耍，小狗与主人吃完晚饭后可以散散步，溜溜弯，早上有老人在打太极，有年轻人在跑步……这里也不缺乏温情与快乐，上了年纪的人可以在这里和儿时同伴聊聊天，喝喝茶，男孩可以在灯光与星光的辉映下向女孩表白，小孩子则可以看着他们偷偷的傻笑……

最好这里还有90后，00后的滑场……

时不时举行的古董车展，非主流画廊的咖啡，怪模怪样的造型的艺术家在这里摆摆装置……咖啡香，香水香，音乐声，让这里满着一股莫名的文艺腔。

构思与分析平面图

节点位置示意

两侧主要为商业功能，要求沿街建筑界面连续。要有良好的绿化，地面铺装要统一设计，设计要充分考虑停车、休憩、购物、观光的各种要求，安排各自需要的场地和通道。要设置花坛、坐凳、电话亭、售货、书报亭、垃圾箱等设施。

轴线贴线率

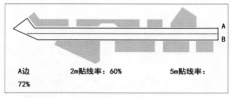

A边 72%　　　2m贴线率：60%　　　5m贴线率：

A边 82%　　　2m贴线率：61%　　　5m贴线率：

A边 81%　　　2m贴线率：65%　　　5m贴线率：

轴线尺度
沿街D/H1<D/H<2，如有高层要求层层退台

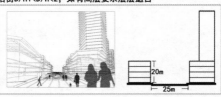

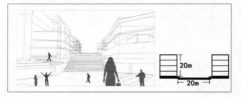

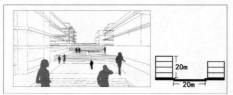

构思与分析平面图

功能分区

灯光广场区　自由绿地　树阵区　景观节点　雕塑广场

彩色斑马线

商业景观要素分布：活泼、整齐

文化景观要素分布：自由、舒适

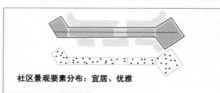

社区景观要素分布：宜居、优雅

景观要素
选项卡

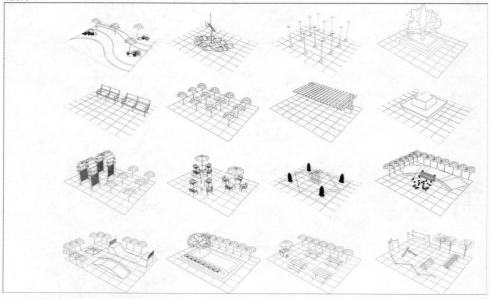

节点平面图

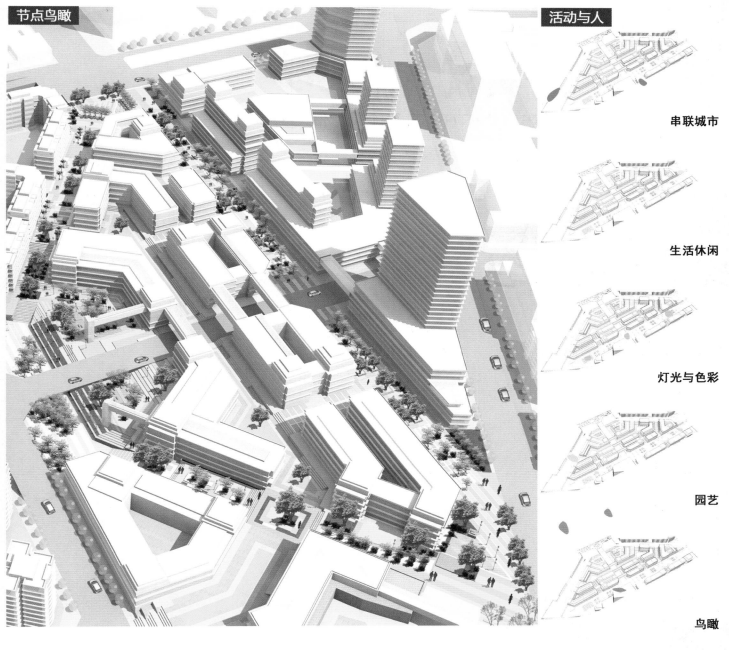

串联城市

生活休闲

灯光与色彩

园艺

鸟瞰

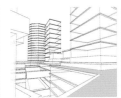

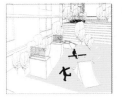

……大型博物馆外有一个爱拉小提琴的女人，她穿的很破烂，眼神采滞，但是拉出的音乐非常好……
……A君每次都带我去看电影喝咖啡，但我一点也不喜欢他……

……我喜欢一个人在家附近的街上闲逛，同租的女生男朋友来了，晚上不想回家，走累了坐在路边，旁边有一个帅哥在吐着烟圈……
……咦！彩色的斑马线，还有街边的小情侣在恩爱……

……什么时候我才能和我的他的落地窗边看夕阳……

哈爾濱工業大學
HARBIN INSTITUTE TECHNOLOGY

■ 设计团队 WORKING GROUP

古颖　王珍珍

哈尔滨工业大学［城市博客］　　　　　　　　古颖　王珍珍

■ 指导教师 INSTRUCTORS

吕飞　董慰

城市博客
The Blog of City

哈尔滨工业大学
HAERBIN INSTITUTE OF TECHNOLOGY

设计者：
古　颖　王珍珍

哈尔滨老城区城市空间改造与建筑设计
Space Reformation and Architectural Design for Old cityAreas in Harbin

指导教师：吕飞　董慰

　　基地定位于旅游接待服务中心，链接其他主题元素，并提供交流场所的城市博客主页空间。基地的功能涉及行、游、住、食、购、娱六大方面，因此定位于集宾馆、公寓、餐饮、出行、购物、观光、娱乐为一体的多功能复合建筑群。
　　整体空间结构为一核、两环、三轴。分综合商业区、旅游接待区、传统风情园区、电子商业办公区、居住小区等，以实现区域的整体完善与复兴，完善城市功能，延续地域的历史文化，提高城市空间环境品质。

区位分析图

　　地段位于南岗区、道外区交界处，市内重要街道大直街结束于地段内部。

宏观　　　　　　　　中观　　　　　　　　微观

黑龙江省

哈尔滨市域

空间组团　　行政区　　周边要素

基地周边产业分布图

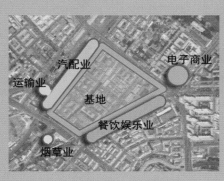

周边主要公共设施分布图

基地周边景观节点解读

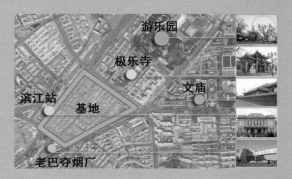

大直街简介

　　·1899年，俄国人首先对哈尔滨进行了规划，以现南岗的中心制高点从东到西修建大直街，同时在大街上设两处转盘道，即博物馆广场和教化广场，为交通干道交汇处，规划出放射性街路布局。
　　·它的艰辛和辉煌就是哈尔滨百年历史的缩影和写照。
　　·大直街，已从单一的市内交通枢纽干道变成了集游览、人文、商贸于一身的多功能景观大道。

大直街肌理图

大直街沿街重要节点分布图

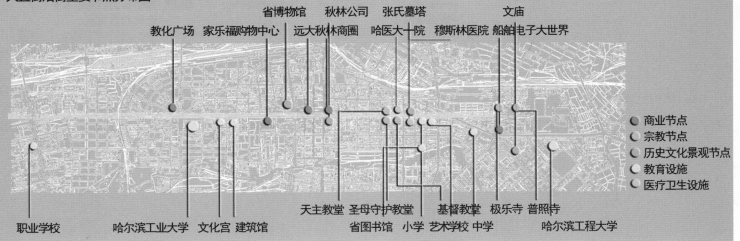

省博物馆　秋林公司　张氏墓塔　　　　文庙
教化广场　家乐福购物中心　远大秋林商圈　哈医大一院　穆斯林医院　船舶电子大世界

● 商业节点
○ 宗教节点
● 历史文化景观节点
● 教育设施
○ 医疗卫生设施

天主教堂　圣母守护教堂　　基督教堂　极乐寺　普照寺
职业学校　哈尔滨工业大学　文化宫　建筑馆　省图书馆　小学　艺术学校　中学　哈尔滨工程大学

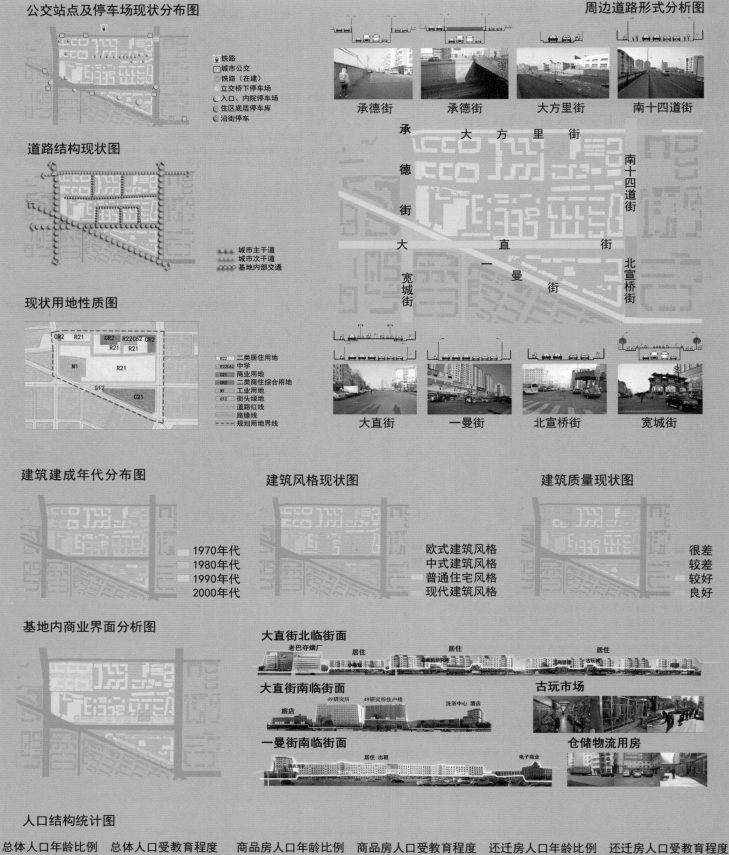

公交站点及停车场现状分布图

铁路
城市公交
铁路（在建）
立交桥下停车场
入口、内院停车场
住区底层停车库
沿街停车

周边道路形式分析图

承德街　承德街　大方里街　南十四道街

承德街　大方里街　南十四道街　北宣桥街

大直街　一曼街　宽城街

道路结构现状图

城市主干道
城市次干道
基地内部交通

现状用地性质图

CR2　R21　CR2　R22C62　CR2
R21　R21
M1　R21
G12　G21

R22　二类居住用地
R22C62　中学
C21　商业用地
CR2　二类商住综合用地
M1　工业用地
G12　街头绿地
道路红线
路缘线
规划用地界线

大直街　一曼街　北宣桥街　宽城街

建筑建成年代分布图　　建筑风格现状图　　建筑质量现状图

1970年代
1980年代
1990年代
2000年代

欧式建筑风格
中式建筑风格
普通住宅风格
现代建筑风格

很差
较差
较好
良好

基地内商业界面分析图

大直街北临街面
老巴夺烟厂　居住　居住　居住

大直街南临街面
49研究所　49研究所住户楼　洗浴中心　酒店
旅店

一曼街南临街面
居住　出租　电子商业

古玩市场

仓储物流用房

人口结构统计图

总体人口年龄比例　总体人口受教育程度　商品房人口年龄比例　商品房人口受教育程度　还迁房人口年龄比例　还迁房人口受教育程度

13.70%　8.60%　　7.90%　　19.10%　14.90%　　14.70%　10.20%　　0.04%
　　　　　　16.70%　　　　　32.60%　　　　　27.70%　27.10%
17.40%　　48.60%
21.70%　　　　　　21.30%　28.40%　20.40%　　　　　　　42.40%
　　　　　　13.80%
22.50%　26.80%　　24.20%　15.30%　18.20%　26.30%
15.90%　　　　24.50%

50年代初出生
50年代出生
60年代出生
70年代出生
80年代出生
90年代出生

中小学及以下
初中
高中
大学含专科

上位规划

哈尔滨市城市总体规划 (2011-2020)
——主城区总体规划图

哈尔滨市南岗区分区规划(调整)
总图 (2005-2020)

基地

基地

基地

哈尔滨市道外区分区规划

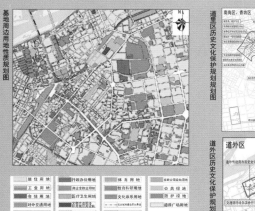

基地周边用地性质规划图

N

南岗区、香坊区
道里区历史文化保护规划规划图

道外区
道外区历史文化保护规划规划图

图例:
居住用地 | 行政办公用地 | 体育用地 | 公共绿地
工业用地 | 商业金融业用地 | 教育科研用地 | 生产防护绿地
仓储用地 | 医疗卫生用地 | 文化娱乐用地 | 防护绿地
对外交通用地 | 特殊用地 | 绿地广场用地
道路 | 铁路 | 水域

南岗区功能定位
"建设现代化国际化中心城区",区域性金融商贸、交通、科技研发、信息服务、文化交流等的中心。
基地可发展项目:大型文化企业、文化业态、旅游服务业。

道外区功能定位
哈尔滨市的精细化工基地、物资集散中心,历史传统风貌特色鲜明的现代化生态城区。
基地可发展项目:高密度商业、旅游服务业、文化娱乐业。

城市设计策略

公共空间规划	划分等级	历史文化内涵展示活动		环境营造
步行主街		室外	室外	构筑物内	步行主街立面
主要广场		室外	室外	构筑物内	主要广场空间
步行次街		室外	室外	构筑物内	步行次街立面
次要广场		室外	室外	构筑物内	次要广场空间
普通街巷		室外	室外	室外	街巷立面
院落空间		室外	室外	室外	私密空间

公共空间设计策略

功能重组策略

休闲娱乐功能 + 商业经营功能 = 休闲与商业功能复合

休闲娱乐功能 + 历史文化功能 = 休闲娱乐与历史文化功能复合

休闲娱乐功能 + 居住功能 = 休闲与居住功能复合

多种功能的复合

人口安置策略

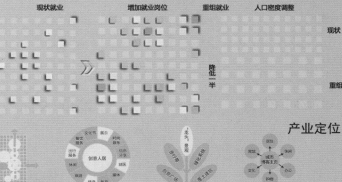

现状就业 | 增加就业岗位 | 重组就业 | 人口密度调整

现状

降低一半

重组

产业定位

整合——多种功能的整合 | 创意的人居环境 | 创意的开放空间

创意人居

项目定位

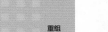

景点分布散乱
缺乏积极空间
缺乏联系
整体影响力低

大直街现状

大直街功能定位——作为南岗区乃至哈尔滨的城市门户,即哈尔滨的城市博客

记录历史 | 展示魅力 | 促进交流 | 加强链接 | 提供服务

大直街需强化的功能

服务——现状旅游服务设施零散且缺乏

链接——现状缺乏主题元素间的链接元素

交流——现状缺乏开敞的交流空间

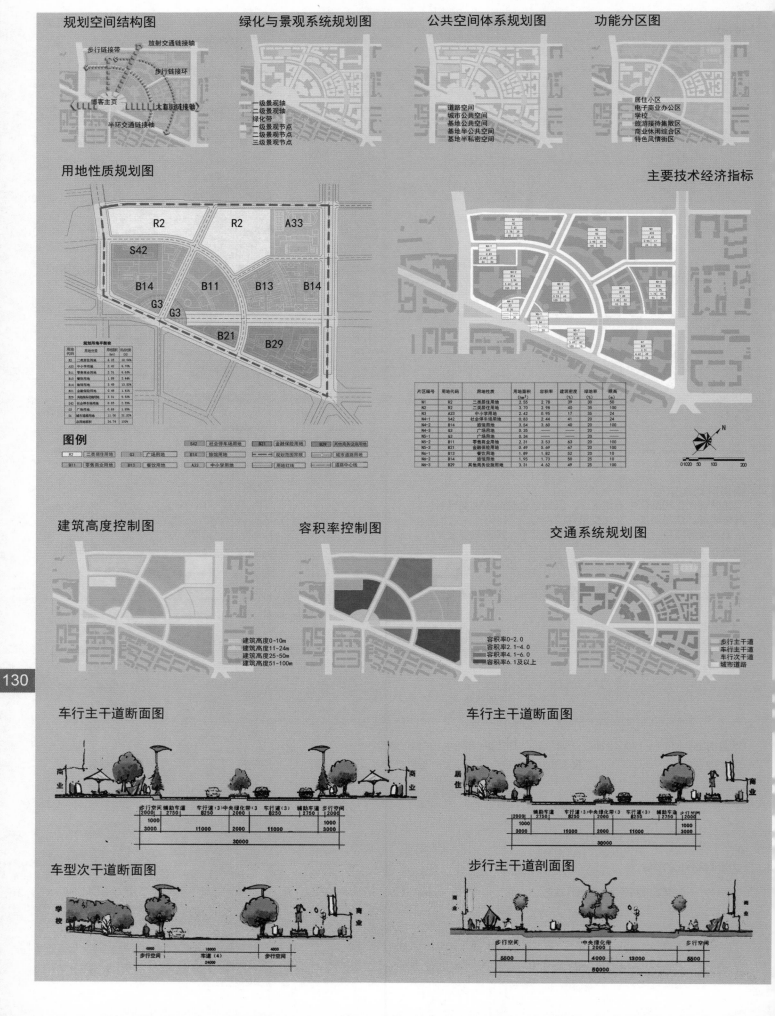

规划空间结构图

- 步行链接带
- 放射交通链接轴
- 步行链接环
- 博客主页
- 太极型链接轴
- 半环交通链接轴

绿化与景观系统规划图

- 一级景观轴
- 二级景观轴
- 绿化带
- 一级景观节点
- 二级景观节点
- 三级景观节点

公共空间体系规划图

- 道路空间
- 城市公共空间
- 基地公共空间
- 基地半公共空间
- 基地半私密空间

功能分区图

- 居住小区
- 电子商业办公区
- 学校
- 旅游接待集散区
- 商业休闲综合区
- 特色风情街区

用地性质规划图

主要技术经济指标

图例

代码	用地性质	代码	用地性质	代码	用地性质
R2	二类居住用地	G3	广场用地	S42	社会停车场用地	B21	金融保险用地	B29	其他商务设施用地
B11	零售商业用地	B13	餐饮用地	B14	旅馆用地	A33	中小学用地		规划范围界限		用地红线		城市道路用地		道路中心线

片区编号	用地代码	用地性质	用地面积(ha²)	容积率	建筑密度(%)	绿地率(%)	限高(m)
N1	R2	二类居住用地	2.55	2.78	39	30	50
N2	R2	二类居住用地	3.70	2.98	40	35	100
N3	A33	中小学用地	2.42	0.95	17	35	24
N4-1	S42	社会停车场用地	0.83	2.44	41	20	24
N4-2	B14	旅馆用地	3.54	3.60	40	20	100
N4-3	G3	广场用地	0.35			20	
N5-1	G3	广场用地	0.36			20	
N5-2	B11	零售商业用地	2.31	3.53	63	20	100
N5-3	B21	金融保险用地	0.49	5.46	67	20	100
N6-1	B13	餐饮用地	1.89	1.82	52	20	10
N6-2	B14	旅馆用地	1.95	1.73	50	25	10
N6-3	B29	其他商务设施用地	3.31	4.62	49	25	100

建筑高度控制图

- 建筑高度0-10m
- 建筑高度11-24m
- 建筑高度25-50m
- 建筑高度51-100m

容积率控制图

- 容积率0-2.0
- 容积率2.1-4.0
- 容积率4.1-6.0
- 容积率6.1及以上

交通系统规划图

- 步行主干道
- 车行主干道
- 车行次干道
- 城市道路

车行主干道断面图

车行主干道断面图

车型次干道断面图

步行主干道剖面图

总平面图

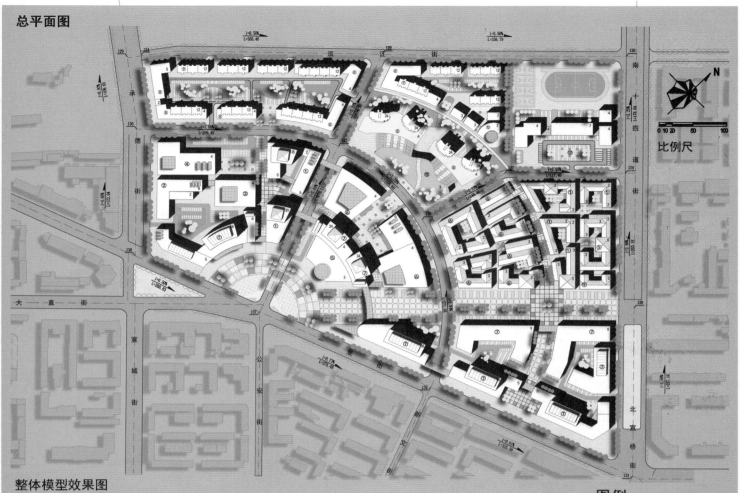

整体模型效果图

图例

① 宾馆建筑
② 宾馆辅助设施
③ 影音厅
④ 停车楼
⑤ 文化设施
⑥ 商业建筑
⑦ 商务办公楼
⑧ 居住区辅助商业设施
⑨ 住宅
⑩ 幼儿园
⑪ 会馆
⑫ 小学

综合技术经济指标
总用地面积：34.74hm²
总建筑面积：682311m²
容积率：1.7
绿地率：30%
建筑密度：38%

131

沿承德街立面图

沿大方里街立面图

透视效果图

整体模型效果图

沿南十四道街—北宣桥街立面　　　　　沿一曼街立面图

综合商业区平面图

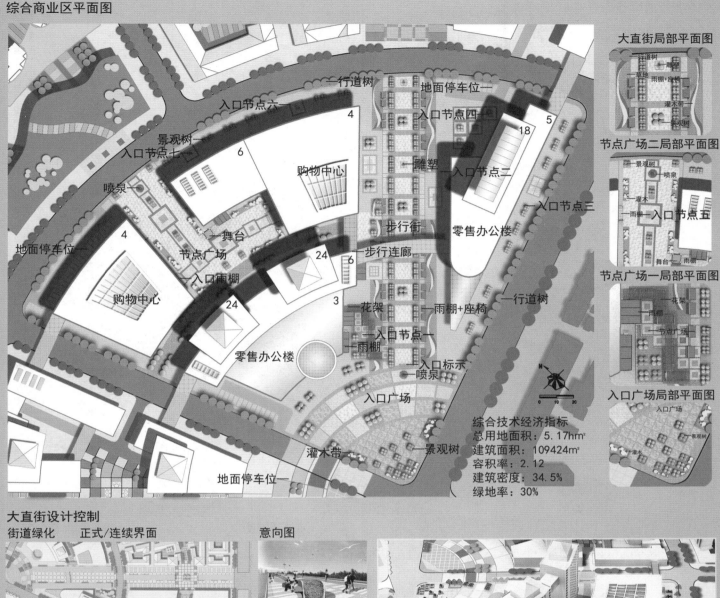

行道树
地面停车位
入口节点六
入口节点四
4
5
景观树
18
入口节点七
6
购物中心
雕塑
喷泉
入口节点二
入口节点三
地面停车位
4
零售办公楼
步行街
节点广场
24
步行连廊
入口雨棚
24
6
行道树
3
花架
雨棚+座椅
购物中心
入口节点一
零售办公楼
雨棚
入口标示
入口广场
喷泉

大直街局部平面图
行道树
雕塑
草地
雨棚+座椅
灌木带
景观树

节点广场二局部平面图
景观树
喷泉
灌木
雨棚
入口节点五
舞台
雨棚

节点广场一局部平面图
花架
雨棚
节点广场

入口广场局部平面图
入口广场
景观树
灌木

灌木带
景观树
地面停车位

综合技术经济指标
总用地面积：5.17hm²
建筑面积：109424m²
容积率：2.12
建筑密度：34.5%
绿地：30%

大直街设计控制

街道绿化　　正式/连续界面　　意向图

特殊特征　　喷泉/种植池/雕塑/展示栏　　意向图

遮荫　　树冠/构筑物　　意向图

大直街铺装的生态策略

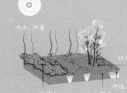

大直街详细设计

区位图

B处透视图

C处透视图

A处透视图

大直街局部意向图

入口处喷泉剖面图

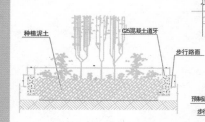

底层水池　贴砖

三层跌水

2.1m
1.1m
0.6m

0.7m　5m　0.7m

大直街铺装构造图

铺装图

路面典型铺装类型

铺装砖路面剖面图

108×108×8广场砖
40厚1:2.5水泥砂浆
150厚C20混凝土
100厚4-6砾石垫层（4:6砂:石）
素土夯实

树池构造图

平面图

剖面图

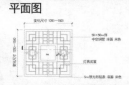

大直街绿带详细设计图

大直街绿化带局部平面图

种植泥土

C25混凝土道牙

步行路面

绿化带剖面图

中型灌木
预制道牙石（标准）
步行路面

小乔木

小灌木

小乔木

大直街绿化带局部立面图

支撑体系分析图

商业支撑体系　　　　娱乐休闲支撑体系

景观支撑体系　　　　文化支撑体系

功能分区分析图

- □ 院落式餐饮服务区
- □ 院落式酒店区
- □ 传统手工以商业区
- □ 传统民居体验区

公共空间发展模式分析图

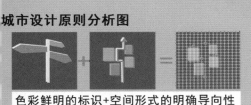

多元　　　　表现　　　　交往

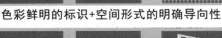

传统街道吸引　　单一街道界面　　没有功能的空场

引入多元文化　　营造丰富街景　　具有功能的空间

结合活动的空间　　提升吸引力　　上升为交往空间

公共空间体系分析图

- □ 街道空间　　　□ 广场空间　　　□ 庭院空间

城市设计原则分析图

色彩鲜明的标识+空间形式的明确导向性

游览标识+逃生标识

= Vitality Safety

商业、民俗活动+独立的步行系统

Activity + Activity = 24 Energy

白天商业、民俗活动带来活力
+夜间居民保持活力

安全保障　　明确导向　　昼夜活力

公共空间体系分析图

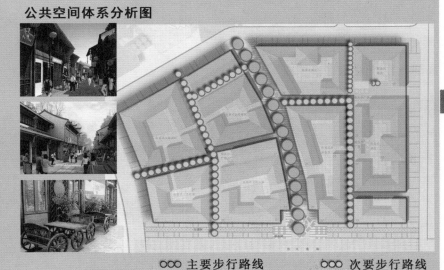

○○○ 主要步行路线　　　○○○ 次要步行路线

活动多样性分析图

休闲娱乐　　　商业购物　　　观演体验　　　市井交流

产业分析图

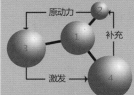

1.文化旅游产业
2.民族文化旅游类资源开发产业
3.休闲娱乐旅游类产业
4.社会文化设施类产业
二、发现需求产业

旅游接待处	宾馆	交通工具出租处
实景剧场	美食街	东北特产购物街
俄罗斯风情街	茶室	历史文化博物馆
佛教历史文化博物馆		地方特色茶楼
售票解说服务点		定点实景文艺演出

一、已存在产业

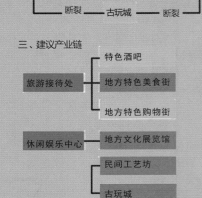

三、建议产业链

建筑风格分析图

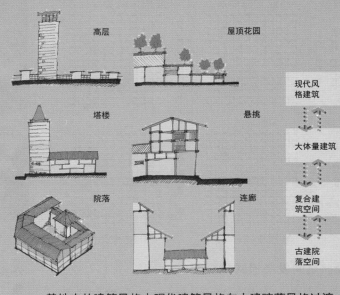

现代风格建筑
↓
大体量建筑
↓
复合建筑空间
↓
古建院落空间

基地内的建筑风格由现代建筑风格向古建院落风格过渡，因此该重点地段内的建筑风格定位古建院落空间。

平面图

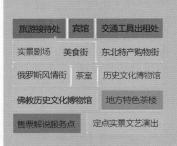

整体模型效果图

局部透视效果图

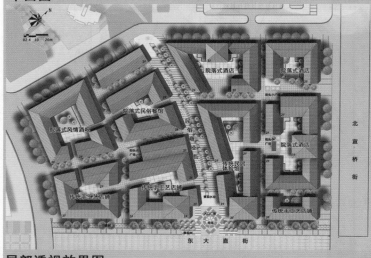

入口广场效果图   步行主街效果图   东大直街效果图

步行主街效果图   街头小广场效果图   街头小广场效果图

城市设计导则

第一部分　地块控制性规划图则
地块N1　地块N2　地块N3　地块N4　地块N5　地块N6　地块N7

第二部分　环境设计导则
A. 公共开敞空间　　　　　　　　　　B. 地块开敞空间

第三部分　道路设计导则
A. 道路断面　　　　B. 沿街界面　　　　C. 人行道
D. 道路交叉口　　　E. 交通站点　　　　F. 街道家具

第四部分　建筑设计导则
A. 建筑和街道　　　　B. 建筑和开敞空间　　　　C. 室内公共空间

第五部分　实施程序

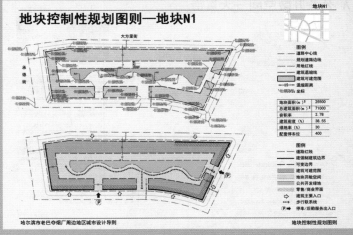

地块控制性规划图则—地块N1

地块面积 (m²)	26500
总建筑面积 (m²)	71000
容积率	2.78
建筑密度 (%)	38.55
绿地率 (%)	30
配套停车位	400

哈尔滨市老巴夺烟厂周边地区城市设计导则　　　　　地块控制性规划图则

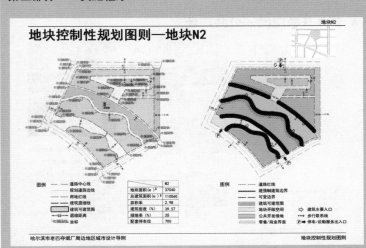

地块控制性规划图则—地块N2

地块面积 (m²)	N2 37040
总建筑面积 (m²)	110560
容积率	2.98
建筑密度 (%)	39.57
绿地率 (%)	35
配套停车位	700

哈尔滨市老巴夺烟厂周边地区城市设计导则　　　　　地块控制性规划图则

地块控制性规划图则—地块N3

地块面积 (m²)	N3 24160
总建筑面积 (m²)	23050
容积率	0.95
建筑密度 (%)	17.34
绿地率 (%)	35
配套停车位	30

哈尔滨市老巴夺烟厂周边地区城市设计导则　　　　　地块控制性规划图则

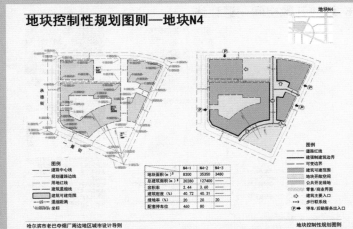

地块控制性规划图则—地块N4

	N4-1	N4-2	N4-3
地块面积 (m²)	8300	35350	3480
总建筑面积 (m²)	20280	127400	
容积率	2.44	3.60	
建筑密度 (%)	40.72	40.31	
绿地率 (%)	20	20	20
配套停车位	460	80	

哈尔滨市老巴夺烟厂周边地区城市设计导则　　　　　地块控制性规划图则

地块控制性规划图则—地块N5

	N5-1	N5-2	N5-3
地块面积 (m²)	3350	23120	4940
总建筑面积 (m²)		81700	28100
容积率		3.53	5.69
建筑密度 (%)		63.49	67.00
绿地率 (%)	20	15	15
配套停车位		100	20

哈尔滨市老巴夺烟厂周边地区城市设计导则　　　　　地块控制性规划图则

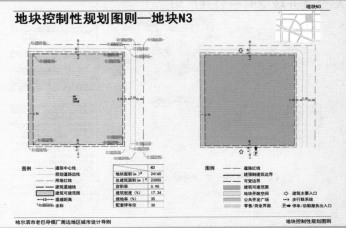

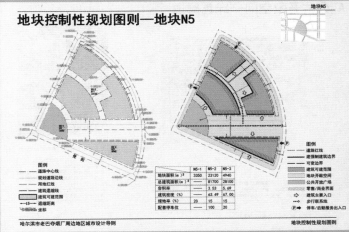

地块控制性规划图则—地块N6

	N6-1	N6-2
地块面积 (m²)	18920	19460
总建筑面积 (m²)	34615	33687
容积率	1.82	1.73
建筑密度 (%)	52.27	49.46
绿地率 (%)	20	25
配套停车位	50	80

哈尔滨市老巴夺烟厂周边地区城市设计导则　　　　　地块控制性规划图则

地块控制性规划图则—地块N7

地块面积 (m²)	N7 33120
总建筑面积 (m²)	152950
容积率	4.62
建筑密度 (%)	49.21
绿地率 (%)	25
配套停车位	200

哈尔滨市老巴夺烟厂周边地区城市设计导则　　　　　地块控制性规划图则

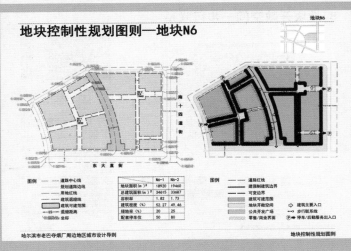
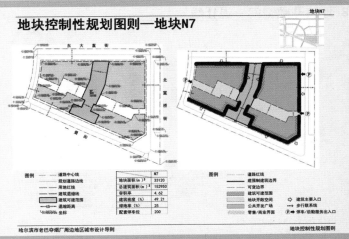

A 公共开敞空间—大直街

区位图

横断面形式一

横断面形式二

设计
• 步行道路路面宽度的宽度不应小于20米。
• 由中庭带植物、步行路、乐槽性集中空间和强化视觉和物质联系的节点，广场应成的特色景观，用以平衡大面积的"硬质城市景观"。
• 路的两侧或者中央应种植遮阴的乔木作为行道树。
• 落叶乔木提供树荫及强烈而连续的街道边界。
• 建议株距约6米，路两侧的应道路株距离不小于1米。
• 照明、陈设和标志应与树木排列相配合，以营造良好的步行环境。使用特殊的照明系统强调阴暗点约80多样性。
• 随机出现的小品布置创造步行道的兴奋点，小品包括植床、座位、雕塑、小角旗等。
• 植物配置包括多种多样的中温带树木、灌木丛、地被植物，种植了简单组合的种植池内。
• 提供具有吸引力的户外设施(会所、格栅、地板小品布置在街道交叉口和广场以强化城市空间上的联系。
• 设计统有的铺设图案贯穿整个步行带，凸显其特性。
• 平衡硬质与软质景观，比例不大于2/3。
• 人行道宽20米宽，沿着绿石边界为15米的绿带，覆以灌木和灌溉草坪。

功能
• 大直街步行段是位于大直街末端的线性开敞空间。
• 提供通往极乐寺、相邻开发地块和景观节点的步行联系。
• 作为基地的集会和娱乐空间。
• 道路红线宽度为50米。
• 纯步行道路，紧急情况准许通行机动车。

平面图

A 公共开敞空间—大直街

街道绿化
正式/连续界面

特殊特征
喷泉/种植池/雕塑/展示栏

遮荫
树冠/构筑物

分析图

A 公共开敞空间—公共广场

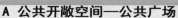

区位图

平面图

功能
• 创造一个通往基地的正式入口通道。
• 提供视觉和物理的连接，以及与大直街步行带、综合商业区、旅游集散区的可连接性。
• 提供一个灵活聚集空间，作为一个周围商业建筑的室外休息室。
• 建立一个具有另人愉快的公共设施的吸引人的目的地，如报摊和信息亭等。

断面图

设计
• 与相联的大直街步行道的设计相协调。
• 在建筑物边界界旁提供15.0米的无障碍和流线清晰的铺地区域。
• 提供结构树木、灌木处越覆盖。
• 用灌木丛、地面起伏强调街角边界。
• 提供可灵活变化排列的可移动座椅。
• 提供平衡于(70%)硬质景观及(30%)软质景观的铺地表面。
• 保持空间减少来自主要街道的喧音。
• 沿着相似大直街提供一个清晰的步行入口，以保证视觉和物理的联系。
• 结合加强"广场"本特性的服务性设施和景观特征。确定这些空间内的使用和公共兴趣点设计。

A 公共开敞空间—公共广场

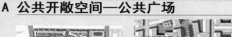

区位图

传统风情区

会展商业区

平面图

特殊特征
喷泉/种植池/雕塑/展示栏

休息设施
座椅/茶座

分析图

功能
• 建立从大直街步行道到传统风情区、会展商业区的主要步行入口。
• 作为通往文庙历史文化保护区的步行节点。
• 展示城市特色。
• 作为游乐、集会场所。

设计
• 提供与传统风情区、会展商业区的步行联系。
• 提供平衡于(70%)硬质景观及(30%)软质景观的铺地表面。
• 提供一个具标志性的特色景观节点。
• 沿着主要的轴线设置一个水喷气式喷泉。
• 为步行区域提供一个广阔的并且有创造性的照明系统。
• 提供一个集散空间。
• 提供足够的休闲座椅，创造宜人的休息空间。

A 公共开敞空间—绿色廊道

区位图

设计
• 提供与传统风情区、会展商业区的步行联系。
• 提供平衡于(30%)硬质景观及(70%)软质景观的铺地表面。
• 提供一个具标志性的特色绿化廊道。
• 沿着主要的轴线设置一系列种植池、灌木丛、乔木列。
• 绿化带中应提供一个连接的步行系统。
• 提供一个完善的照明系统。
• 提供足够的休闲座椅，创造宜人的休息空间。

功能
• 建立贯穿传统风情区、会展商业区的绿色步行带。
• 改善基地内的生态环境，调节微气候。
• 增加基地绿化面积，营造宜人的景观环境。
• 作为游乐、休闲场地。

B 地块开敞空间—退让线

零售与商业退让线

零售与商业5m退让线平面图

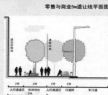

零售与商业5m退让线断面图

功能
• 街道和建筑间景观区的最大联系。
• 创造灵活性的私密空间，并保证其与公共空间的行为上及／或视觉上的可及性。
• 在零售和商业区内为户外咖啡座和餐厅提供连续的铺地区域。

设计
• 在退让范围内提供遮阳构筑物，向公众开放以创造地区休息空间。
• 提供障碍物的空间以及清理建筑入口的交通。
• 确定树木和它的种植点，来遮挡步行道和维护单独立房屋的私密性。
• 避免坡道设计。
• 提供一个连续贯穿的铺地形式。

B 地块开敞空间—退让线

办公、商业退让线

办公、商业建筑15m退让线平面图

办公、商业15m退让线断面图

功能
• 沿街为商业、办公建筑的道路景观需提供休闲绿地和停车空间。
• 并提供充足的公共活动空间。

设计
• 种植高分叉的乔木，提供遮荫。
• 在高变化的地方设置着植物覆盖的的挡土墙。
• 底层商业建筑前设置停车位。
• 布置一定宽度的绿带减少车行道对道路的影响，净化空气和轻噪音。

B 地块开敞空间—步行联系

区位图

断面图

功能
• 确定街区内和穿越地块的步行联系系统。
• 提供街区间和开敞空间内的物理和视线联系。
• 创造灵活性的半公共空间，并保证其与公共空间的行为上及／或视觉上的可及性。
• 提供一个总和与15米到25米的宽度。

设计
• 在全部的步行系统中集中步行活动，提供一个宽度最小某最大5米的疏敞通道。
• 在步行道两边种植柱型树木以形成一个强烈而连续的边界。
• 每个不同的街区都种植一个单独的树种。树种可以根据地点的不同而有所变化，比如街道起步和地块的边界界，然而树种的变化不应减弱连贯性。
• 步行道每边的附属种植空间的最小宽度应为5米。
• 沿建筑外的附属种植空间内，使用低开叉的植物做开敞封种。
• 地表面应为自然景观。
• 当一个步行空间与指定公共空间和重要建筑有视线联系时的路径。
• 沿着连续的铺地形式和照明进行植物布置，在有夜晚使用需要的地区应有步行照明。
• 通过提供场地陈设和其他识别特征。
• 避免分隔性的围栏或围墙。
• 当每一个步行空间与相邻地块的户外活动空间时，设计中需顾相邻地块的需要和设计特征。

道路设计导则—A 道路断面

道路断面

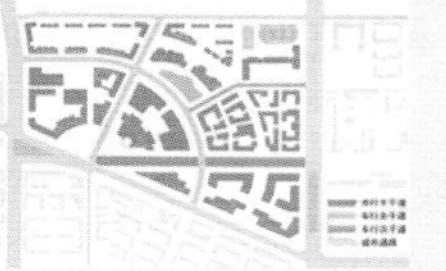

1. 车行主干道

道路断面：道路规划红线宽度为30m。

作为基地内的交通型主干道，景观设计重点在于展现其视野开阔，景观通透的城市风貌；在住区或敏感地带的路段宜布置隔音装置或利用自然坡地、绿化等措施降低噪音污染；道路分隔带建议选择开花灌木，减轻司机视觉疲劳，并提升该路段的行车舒适度。

结合人行道布置公共艺术，公共艺术品的体量不宜过大，尽量做到近人的尺度，题材接近市民生活，并可考虑具有一定功能性，如休息，饮水等。

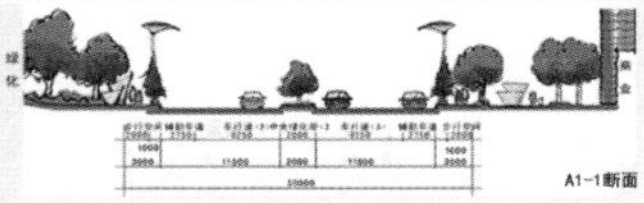

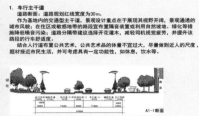

A1-1断面

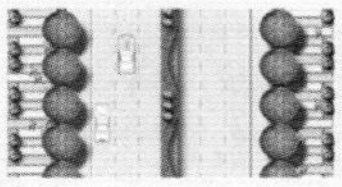

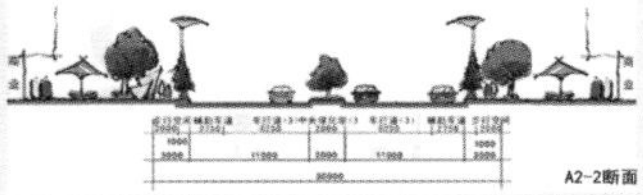

A2-2断面

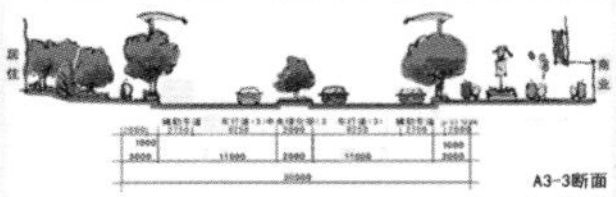

A3-3断面

哈尔滨市老巴夺烟厂周边地区城市设计导则　　道路设计导则

道路设计导则—A 道路断面

道路断面

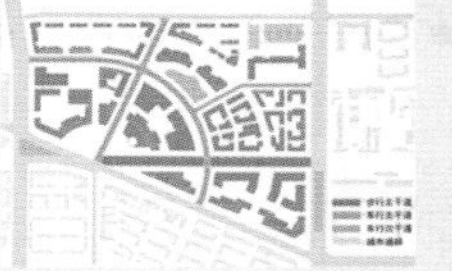

2. 车行次干道

道路断面：道路规划红线宽度为24m。

该断面两侧应强化其沿街景观的设计，应注意营造商业氛围的同时减少对居住区的噪音影响，保证居民生活的私密性；学校与道路之间的空间，应密植树木，来减少噪音干扰；商业建筑应服务周边住区人群，布置相应的服务功能如餐饮等。

道路应营造安静祥和的氛围；靠近生态绿地一侧道路宜设置将休息设施。；公共艺术结合步行道设置，体量不宜过大，尺度近人；设置盲道和残疾人坡道。

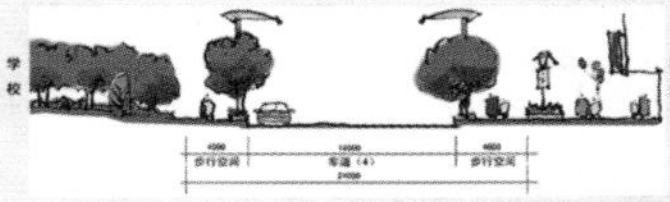

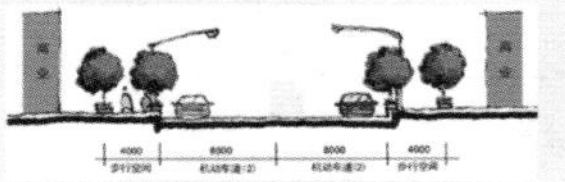

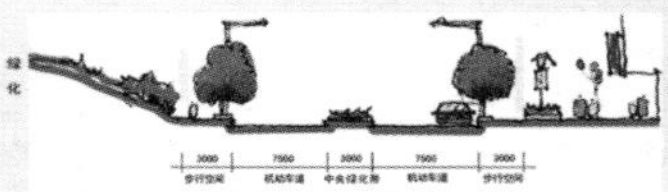

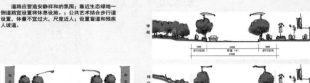

哈尔滨市老巴夺烟厂周边地区城市设计导则　　道路设计导则

道路设计导则—A 道路断面

道路断面

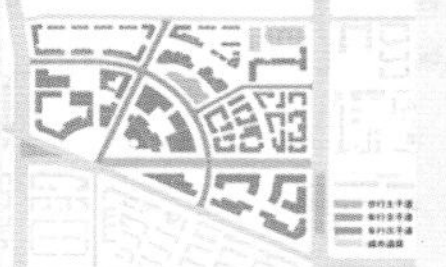

3. 步行主干道

道路断面：道路规划红线宽度为50m。

功能：适合现代城市中心的服务功能，注意营造商业的氛围，体现祥和热闹的都市气氛。

特点：人流量大，景观控制严格。

策略：设置较多的停留和休息空间；
设施应尽可能隐蔽于绿化空间中；
地面铺地颜色变化不宜过大，并具有导向性与广场铺装有良好衔接。

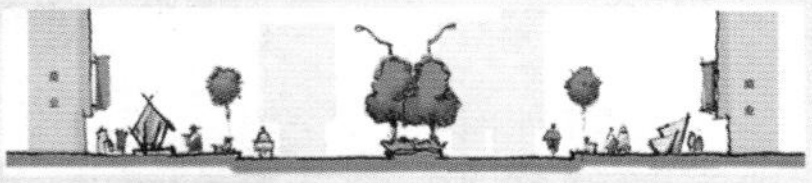

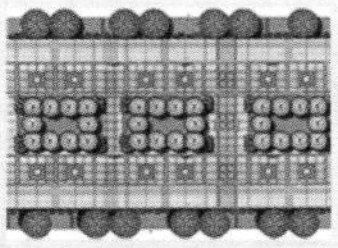

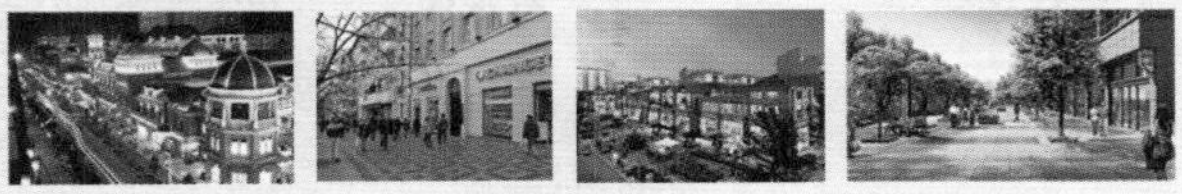

哈尔滨市老巴夺烟厂周边地区城市设计导则　　道路设计导则

道路设计导则—B 沿街界面

沿街界面

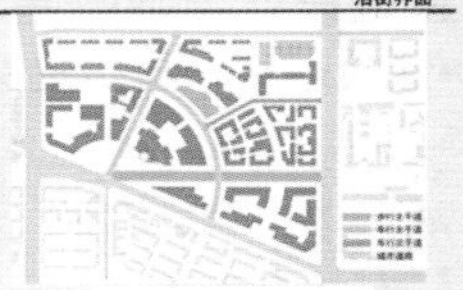

沿主干道多层建筑应后退道路红线至少5m，次干道多层建筑应后退道路红线至少3m。

建筑临街面形式应相对统一，尺度和特色应协调，强化对公共空间与私密空间的限定。

建筑一层檐口应与小型商业招牌、霓虹灯统一设计，高度控制在4-7m的高度范围内；尽量避免采用中大型商业广告看板，若采用，应结合建筑设计设置，高度宜保持在10~30m的高度范围；临街一层商业橱窗鼓励多样化的设计，宜采用中小型广告牌。

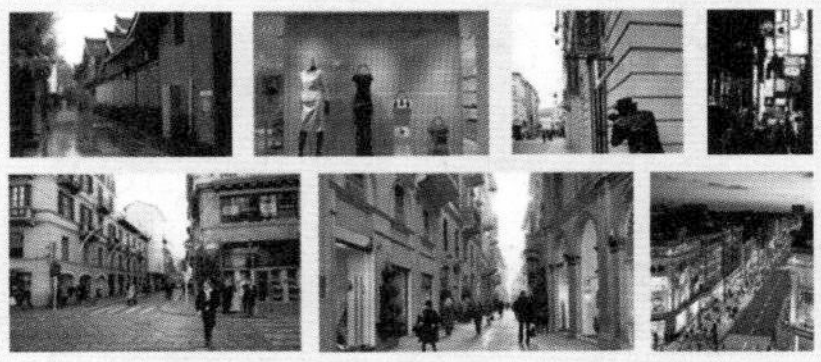

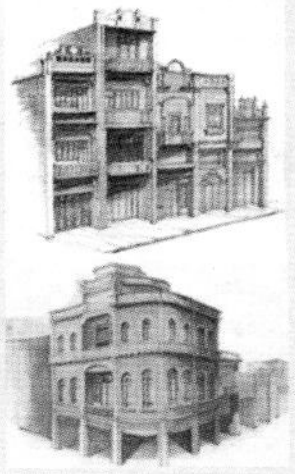

哈尔滨市老巴夺烟厂周边地区城市设计导则　　道路设计导则

道路设计导则—C 人行道

人行道

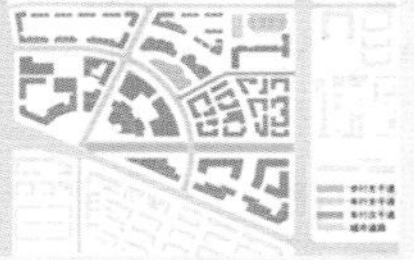

两侧人行道每侧宽3m，它是行人步行、欣赏街景、购物与作短暂逗留的重要场所，它需要布置各种适于步行、休憩活动的空间，提供优美、舒适的地面铺装、绿化和各种设施。

人行道地面铺装图案应注意与邻接的建筑入口门廊、柱网相互作良好的配合协调。

人行道的地面铺装材料、图案、色彩、标高要保持同一路段的统一和红线内、外的良好衔接。 人行道设计要按照无障碍设计要求，并布置盲道。

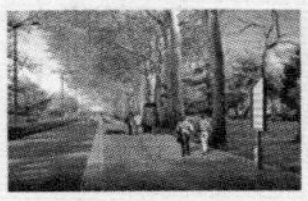

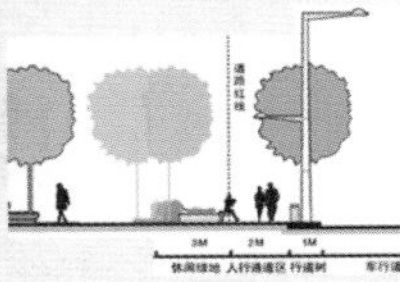

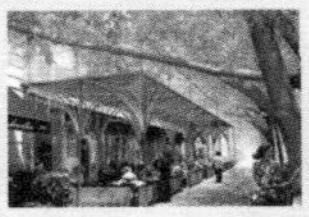

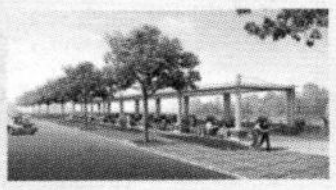

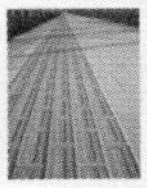

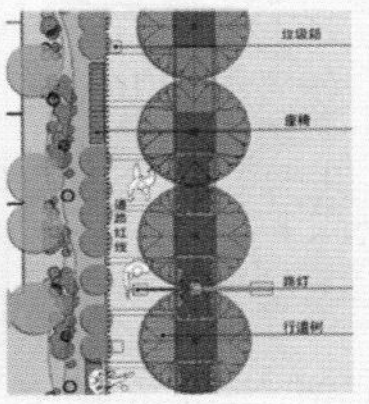

哈尔滨市老巴夺烟厂周边地区城市设计导则　　道路设计导则

道路设计导则—D 道路交叉口

道路交叉口

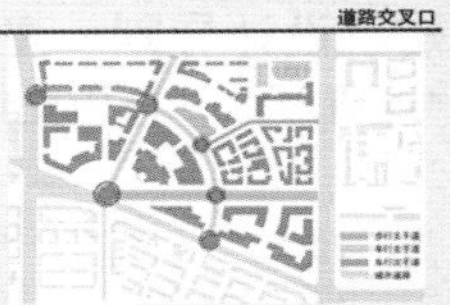

设计原则

1）交叉口设计应保证行车安全视距，不得有树木或其他设施遮挡交通视线。

2）为保证安全，人行横道线和停车线宜明显区别于其他铺砌图案。

3）交叉口的绿化布置要强化方向感，设计成简单的几何形状。

4）用来引导组织交通的地面线或图案必须根据交通组织要求设计，绿化和照明必须符合交通安全的需要。

5）支路交叉口和设计应力求简洁，但为保持全区交叉口的一致，也宜选用特别的铺装材料和图案，并能反映“亲人”尺度。

6）道路交叉口应设明确的人行横道线和交通信号灯。

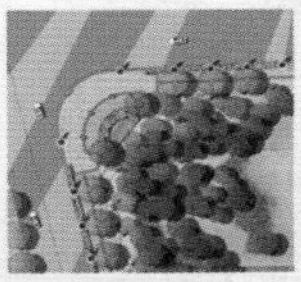

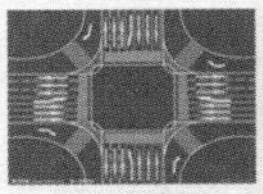

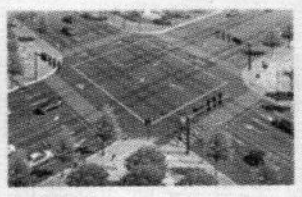

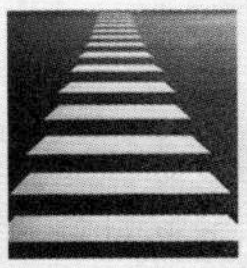

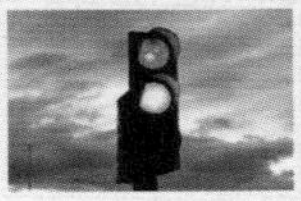

哈尔滨市老巴夺烟厂周边地区城市设计导则　　道路设计导则

道路设计导则—E 交通站点

交通站点

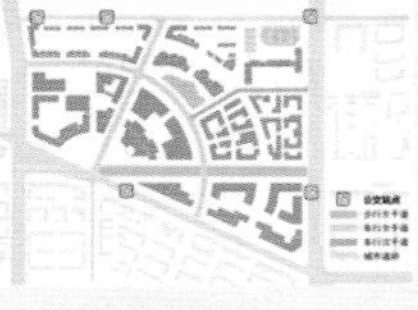

1）设计目的：防止停靠站引起的车流密度骤增，提高通行能力。加强公交换成能力，保障乘客安全。

2）公共汽车候车亭：当有多条线路停靠同一站时应只设一个站点。公共汽车候车亭应有顶盖及供人小憩的坐凳。允许在适当的位置结合结构设计布置广告。线路牌及线路图可结合候车亭设计并应有照明，线路牌详细内容及图式的高度不得大于2米。候车亭形式统一，并采用与街道家俱相同的建筑语汇。不鼓励使用鲜艳的色彩，建议其支撑结构采用深色或深褐色，整体通透。

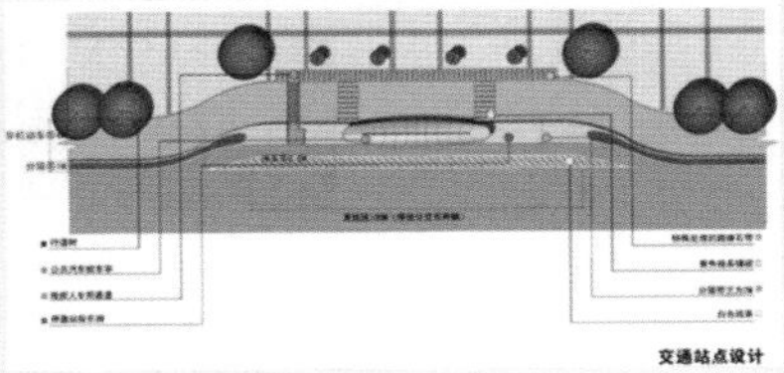

交通站点设计

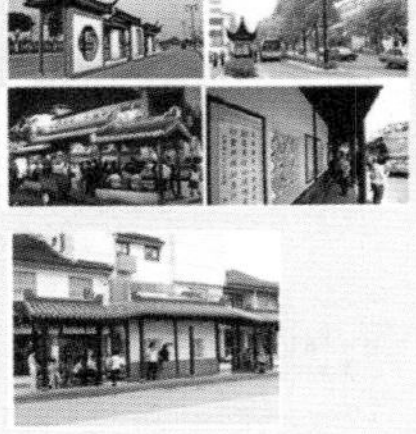

哈尔滨市老巴夺烟厂周边地区城市设计导则　　道路设计导则

道路设计导则—F 街道家具

街道家具

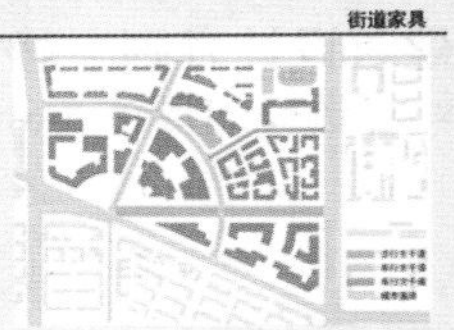

街道家具的设计应充分考虑人的行为活动特征，以功能性、耐用性、人性化、艺术性为基本原则。

1）座椅

在开敞空间、小型休憩空间地段应结合环境布置座椅等休息设施。座椅应注意选择触感及舒适性良好的材质，造型、色彩的选择应符合地段的景观要求，宜结合花坛、树木、矮墙、路灯、雕塑等进行组合设计。

2）照明

照明设施应选择造型优美的灯型和灯具，同时保证功能照明和景观照明两方面的要求。路灯的设置间距30~40m，灯杆高不低于10m。广场应设置一定数量的草坪灯和地灯，布灯间距为5~15m。

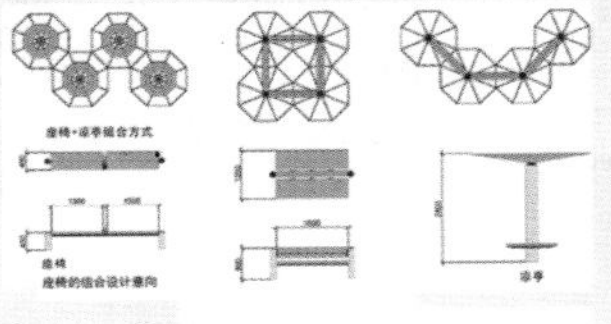

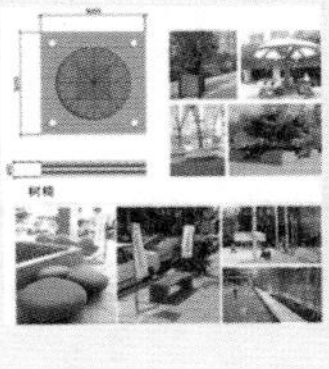

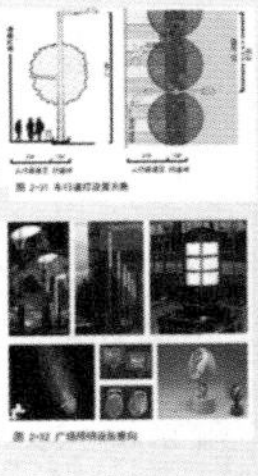

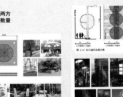

哈尔滨市老巴夺烟厂周边地区城市设计导则　　道路设计导则

建筑设计导则—建筑和街道
■ 首层—零售商业界面

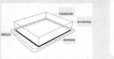

区位图

断面图一

断面图二

零售

功能
· 增强街道的活力，并提供有助于创造丰富的公共空间的要素。
· 为步行空间提供积极的界面。

设计
· 沿街的商业建筑应注重首层与人行道关系的处理，提高室外空间的利用率，设置雨棚、骑楼等灰空间吸引人流，激活室外空间的活动以形成良好的街区氛围。
· 提供退入和有顶盖的建筑以保护步行者，使其不受不利天气因素的干扰。
· 在与人行道相邻的平面设置零售购物空间，积极创造连续的步行空间，避免出现障碍物导致窗边缘的变化。
· 在建筑退让地以内设置雨檐和柱廊。人行道上空最低不应少于4m或者与相邻的地块保持协调一致。

哈尔滨市老巴夺烟厂周边地区城市设计导则　　　建筑设计导则

建筑设计导则—建筑和街道
■ 建筑形体—强制建筑边界

临街面

裙楼和塔楼

街角公共空间

高度变化的临街面

裙楼附带板式楼房

街角塔楼

功能
· 增强中心区的整体城市特征，使之有别于城市其他空间。
· 提高建成区的密度，以创造富有活力的街道生活和城市活力。
· 创造地标性的街道，以提高街区的方向感和作为中心区的参考点。

设计
· 保持建筑体块的连续性，以界定出街道空间。
· 创造富有节奏的城市界面，以赋予公共空间个性特征，并使之丰富起来。
· 界定出"街墙"式的街道界面，增强街道的轴向性和方向性的特征，使之与广场和绿色走廊形成对比。

哈尔滨市老巴夺烟厂周边地区城市设计导则　　　建筑设计导则

建筑设计导则—建筑和街道
■ 建筑形体—与历史保护区相协调

布局

街道模式

哈尔滨建筑布局多为街道模式

新老建筑布局的三种布局方式

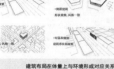

建筑布局在体量上与环境形成对应关系

有序的空间

无序的空间

建筑的高度相近，中心建筑突出，建筑整体感强，又具有层次

建筑布局应形成有序的空间关系

建筑布局在红线退让方面与环境形成对应关系

设计
· 建筑应多采用集中式布局，以矩形体量组合为主，形体才接宜多用连接体连续。
· 新建建筑布局必须延续原有城市肌理，在总体关系上取得与保护建筑协调。
· 新建筑布局应该延续原有城市肌理，保持城市整体形态的历史延续性。
· 新建筑应延续哈尔滨传统建筑风格。
· 传统风情区应考虑与极乐寺传统建筑风格相协调。

哈尔滨市老巴夺烟厂周边地区城市设计导则　　　建筑设计导则

建筑设计导则—建筑和街道
■ 建筑形体—与历史保护区相协调

体量与尺度

建筑体量连接常见的两种形式

体量对应于尺度延续

不同建筑通过立面轮廓的相似以取得整体协调

线脚与层高对位

哈尔滨传统建筑的体量关系特征范例

窗等细部尺度延续临近老建筑的新建尺度延续方法

建筑体量组织方式

设计
· 哈尔滨建筑的基本尺度应该作为新建建筑的尺度参照系。
· 多数建筑应该形体规整，少数高大和天际线丰富的建筑作为标志性建筑。
· 城市形体秩序保持清晰。

· 传统风情区内的新建建筑必须保持与老建筑尺度关系的一致。
· 传统风情区内不宜建大体量建筑，建筑处理上采用"化整为零"的方法，使新建建筑尺度与相协护区内的建筑尺度相协调。

哈尔滨市老巴夺烟厂周边地区城市设计导则　　　建筑设计导则

建筑设计导则—建筑和街道
■ 建筑形体—与历史保护区相协调

风格

功能
对不同地块内建筑的色彩、质感和形式提出不同的控制，已与周围城市环境相协调。同时体现不同建筑性质的特征。注重基地本身整体协调一致性。

商业/商务建筑色彩意向

居住建筑色彩意向

行政/文化建筑色彩意向

传统风情建筑色彩意向

设计
· 商业、商务建筑界面应注重烘托商业氛围，应以热情洋溢的暖色调为主，色彩、质感和形式应突出简洁现代的风格；商业建筑形式可丰富多样。
· 行政文化建筑色彩不应变化过多，应注重建筑形态的变化，公共景观应体现开放性和渗透性，并突显庄重典雅的风格，以现代风格为主。
· 住宅建筑要体现风格应与周围环境相协调，在延续传统的基础上体现时代感。临近历史保护区建筑的住宅，应以配角的形式出现，在建筑体量、细部装饰、材料、色彩等运用上与之相协调。
· 传统风情地区应与附近历史保护区相协调，同时体现商业氛围。色彩、质感和形式均应体现传统建筑特征。

哈尔滨市老巴夺烟厂周边地区城市设计导则　　　建筑设计导则

140

建筑设计导则—建筑和开敞空间
■ 室外空间—露台、遮荫顶盖和顶层架空

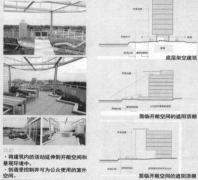

底层架空建筑

面临开敞空间的遮阳顶棚

面临开敞空间的遮阳顶棚

功能
· 将建筑内的活动延伸到开敞空间和景观环境中。
· 创造受控制并可为公众使用的室外空间。

设计
· 在适当的地方设置坡道、台阶，使室外空间完全可达。
· 用地形条件来创造优越的场所和增强与周边景观环境的联系。
· 将建筑的屋顶和柱廊延伸，使建筑与邻近的开敞空间联系。
· 通过开放式的首层平面，使建筑空间与现有的景观保持连续。
· 采用底层架空或类似的结构，以利于建筑形体内的空气流通。

哈尔滨市老巴夺烟厂周边地区城市设计导则　　　建筑设计导则

建筑设计导则—建筑和开敞空间
■ 可选择的形体—开敞空间边界

● 高层/标志性建筑　　■ 广场　　— 建筑控制线　　示意图

功能
· 把基地内开敞空间纳入城市框架中。
· 保持与绿化区域最佳的联系。
· 使该基地内的建筑和景观成为一个整体。

· 在公共广场的边缘设置高层建筑。
· 将与广场相邻的建筑物底层开放。
· 将建筑物的出入口设置在公共广场上。

哈尔滨市老巴夺烟厂周边地区城市设计导则　　　建筑设计导则

建筑设计导则—建筑和开敞空间
■ 室内公共空间—有屋盖的步行联系

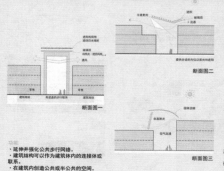

断面图一

断面图二

断面图三

功能
· 延伸并强化步行网络。
· 建筑结构可以作为建筑内的连接体或联系。
· 在建筑内创造公共或半公共的空间。
· 让步行者躲避不利的天气。

设计
· 在向公众开放的建筑物之间设置遮荫的屋顶和创造通往其它公共空间的步行联系。
· 设计大尺度的室内通道和拱廊，避免障碍物，尽量减少坡度的变化。
· 提供在视觉上与公共空间和雄伟建筑有联系的路径。

哈尔滨市老巴夺烟厂周边地区城市设计导则　　　建筑设计导则

2012年两校本科联合毕业设计大事记

2011年12月17~18日
2012两校联合毕业设计由重庆大学和哈尔滨工业大学的建筑和城市规划专业联合举办。教师们团聚在哈尔滨，参加丰富的师生联谊活动，并共同商讨2012两校联合毕业设计的课题选题。

2011年12月30日
由哈尔滨工业大学完成2012两校联合毕业设计两专业任务书初稿拟定，并负责前期工作准备、相关资料收集和时间计划安排。

2012年02月18日
经两校教师讨论协商，最终完成2012两校联合毕业设计任务书终稿。同时，各校确定参加2012两校联合毕业设计师生名单。

2012年02月20~02月27日
进入联合毕业设计预备阶段，各校分别在各自学校熟悉任务书要求、收集相关资料并且制定工作计划，为调研做好充分准备。

2012年02月28~03月05日
28日重庆大学师生抵达哈尔滨工业大学，进行全天报到。东道主哈工大组织接待并安排见面交流活动。2月29日2012两校联合毕业设计开幕式，哈尔滨工业大学建筑学院的师生对重庆大学教师和同学们的到来送上了热烈的欢迎。随后，组织两校学生听了相关讲座，并布置了调研计划和任务安排。各校师生组合分组，讨论制定调研提纲，从整体到局部，进行现场调研，完成调研报告，以PPT形式进行成果汇报。

2012年03月06~04月15日
两校师生返回各自学校，自行安排讲课。完成城市设计整体结构研究等相关内容。明确各专业设计任务，分专业方案构思与建筑单体设计。

2012年04月16~04月17日
两校师生集中在重庆大学建筑城规学院进行联合毕业设计中期PPT汇报评图。重庆大学的教师给同学们做了相关讲座。

2012年04月18~06月10日
两校师生返回各自学校，完成深入设计，修改完善方案设计，按专业要求完成全部设计成果。

2012年06月11~06月12日
两校师生集中在哈尔滨工业大学，进行最终成果展览，和PPT汇报评图。根据专业要求完成设计最终成果并完成出书电子排版。